巴黎复古风钩针动物玩偶

[日] 小西千晶 著　何凝一 译

河北科学技术出版社

Une matinée au village Jimigurumi 吉米库鲁米村的早晨

文艺复兴运动所处的时代被誉为最美好的时代。

1900 年，巴黎举办世界博览会期间，
时间定格在法国郊外的吉米库鲁米村。

登场人物都是住在这个村庄里的村民。
船员米迦勒因为服兵役已经离开村庄许多年，
但他始终是在这里出生长大的。

每天清晨，面包店老板家的儿子罗伯特
都会提着满满一篮面包，
到村民聚集的广场售卖。

上小学的埃米尔和乔琪兄妹
正帮妈妈买面包。

自行车手加布里埃尔
正骑着他的爱车"加兰大尉号"飞驰而过。

狗巡警马塞尔
正忙于指挥高峰期的交通。

大家都非常喜欢罗伯特家的面包。

女演员伊冯娜小姐正在晨练，
心里想着自己的暗恋对象米迦勒。

而此刻，米迦勒正在船上思念着遥远的故乡。

贵族出身的戈登先生，举止优雅地啃着面包。

洗衣女玛格丽特，
一边担心大雨突然而至打湿刚洗好的衣物，
一边惦记着去山丘的洞穴给猫头鹰长老送面包。
对她来说，洗衣服的时候想其他事是常有的事。

广场上，罗伯特拿来的面包已经卖得差不多了，
接下来他准备去送货。

画家让·保罗最爱幻想，
此时此刻，他正面对画布，沉浸在无尽的遐想中。

馋嘴的勒布朗父子早把面包吃光了，
他们正在公园里进行足球特训。

罗伯特在回面包店的路上，
看到恩爱的约瑟芬和安德烈正在水池里练习双人舞，
于是喂了他们一些面包。

吉米库鲁米村的一天就这样开始了。

Sommaire 目录

※ 本书的作品均使用 HAMANAKA 和 Diamond 的毛线钩织。

驴子面包师 罗伯特

将爸爸做好的面包放到篮子里，给满心期待的村民们送去。变换左右
两侧拼接四肢的位置，就可以呈现出轻快的奔跑动作。

钩织方法：P54

Robert le

Emile et Geo

小学生 埃米尔和乔琪

小学的学生人数很少，所以兄妹俩在同一个班里上课。

八哥犬独特的外形和表情可以用加减针表现出来。

钩织方法：埃米尔 P58，乔琪 P61

自行车骑手 加布里埃尔

骑着"加兰大尉号"冲下坡道，这是加布里埃尔最
快乐的时刻。结实的肌肉、宛如运动员的身材非常
有特点。

钩织方法：P64

MARCEL L'Ag

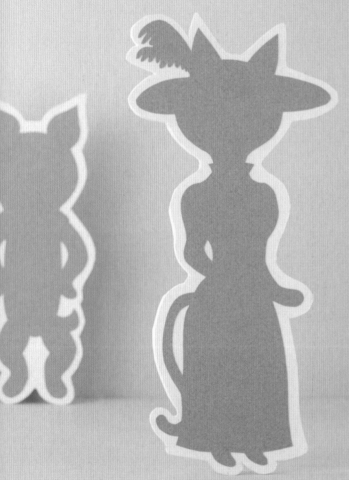

狗巡警 马塞尔

守护所有村民的安全，今天也在尽职尽责地指挥交通。

太注重五官的平衡，反而会让表情显得呆滞。

钩织方法: P68

NT DE POLICE

著名女演员 伊冯娜小姐

热衷于时尚的伊冯娜小姐正在镜子前练习摆造型，梳理毛发。纤细的四肢和松弛有度的体型，充分展现出暹罗猫的特点。

钩织方法：P72

Mademoiselle Yvon

e l'Actrice en Vogue

Mickaël le

青蛙船员 米迦勒

每天清晨都朝向遥远的故乡，挥动手里的信号旗，大声喊道："又是美好的一天！"水手服根据现实中法国海军的服装设计。

钩织方法: P75

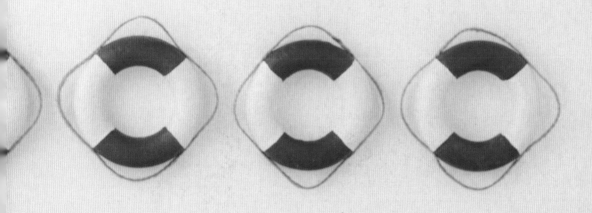

兔子贵族 戈登先生

即便是在原野上蹦蹦跳跳，戈登先生的步伐也与
众不同。他浑身散发着贵族后裔的绅士感。

钩织方法图: P40 / 钩织方法: P46

Monsieur Gord

l'Aristocrate

Marguerite l

洗衣女 玛格丽特

因为担心大雨突然而至打湿刚洗好的衣物，玛格丽特总是抬头看天。条纹尾巴和大眼睛是她最突出的特征。

钩织方法：P78

Blanchisseuse

猫头鹰长老 马里厄斯

马里厄斯此刻正在橡树叶中冥想。不过，他平时也是这般昏昏欲睡的样子。用大大的爪子、尖尖的喙和圆圆的眼睛表现出猫头鹰的形象。

钩织方法：P82

Patriarche

Jean-Paul le Pe

章鱼画家 让·保罗

身穿沾满颜料的罩衫，这是画家最爱的衣服，今天依旧画眼睛。可自行决定8只触手的位置，注意整体平衡即可。

钩织方法：P85

勒布朗父子的周末

怕冷的白熊父子身穿条纹亲子装正在练习踢足球。从肩部到脚部的一片式设计，非常独特。

钩织方法: P88

LA FAMILLE LEBI

ANC EN WEEK-END

芭蕾舞者 约瑟芬和安德烈

身着红色和黑色礼服，在水草间自由穿梭，宛如一段优雅的双人舞。
接着身体末端钩织出的尾鳍，仿佛在水中摇曳。

钩织方法: P91

JOSÉPHINE ET ANDRÉ LE

Danseurs de Ballet

Guide des Personnages

吉米库鲁米村的
村民介绍

Robert le Boulanger

驴子面包师
罗伯特

人人都爱村里的面包店，罗伯特是面包店老板家的大儿子。虽然是小村庄里的面包师，但父亲的手艺却是全法国最好的。罗伯特每天都帮父亲干活。清晨，提着装满面包的篮子到村里的广场售卖，这就是罗伯特的工作。

小学生
埃米尔和乔琪

哥哥埃米尔性格内向、慢热，妹妹乔琪则外向热情。巴哥犬兄妹正在上小学，哥哥非常喜欢去学校时穿的传统校服，而妹妹却觉得校服死板又土气。

Emile et Georgette les Petits Ecoliers

自行车骑手
加布里埃尔

顽固的业余自行车骑手。一日三餐都没有他的自行车"加兰大厨号"重要。参加环法自行车赛是他的梦想，而爱车的名字也源于环法自行车赛的首届冠军"加兰"，但实际上他只在上街的时候骑一下自行车而已。

Gabriel le Cycliste

Marcel l'Agent de Police

狗巡警
马塞尔

立志成为交通管理专家的热心巡警。身穿海军蓝配红色线条的制服，这让他感到非常自豪。他的第一件工作是救助迷路的小猫。时至今日，他还暗恋着当年那只名叫伊冯娜的小猫。

著名女演员
伊冯娜小姐

著名女演员，在乡村小剧场里演出的暹罗猫。非常喜欢照镜子，只要有空就会站在镜子前精心打理自己的毛发。一直喜欢自己的青梅竹马——青蛙米迦勒，但始终没有得到对方的回应。

Mademoiselle Yvonne l'Actrice en Vogue

青蛙船员
米迦勒

出生在这个村子里，是伊冯娜的青梅竹马。擅长所有体育运动，既单纯又热心，但对恋爱没什么兴趣。因服兵役加入海军，如今在离村庄很远的船上生活。

Mickaël le Petit Mousse

Monsieur Gordon l'Aristocrate

兔子贵族
戈登先生

贵族的后裔。野兔戈登先生为人稳重，是非常注重礼节的绅士。他的一天从报纸和眼镜开始。每次外出，他都会带着象征身份的拐杖，起身致意时的动作非常优雅，散发着成熟的魅力。

洗衣女
玛格丽特

天生喜欢洗东西的浣熊，如果不被劝阻，她可以把任何东西洗成纯白色。爱操心，总是抬头望着天，担心下雨打湿她好不容易洗干净的衣物。她最喜欢绣字母。

Marguerite la Blanchisseuse

猫头鹰长老
马里厄斯

村里年纪最大、知识最渊博的猫头鹰。住在村旁山丘上的古橡树树洞里。因为个性沉稳、足智多谋，所以才有了"长老"的称号。

Marius le Patriarche

Jean-Paul le Peintre Surréaliste

章鱼画家
让·保罗

画家让·保罗喜欢幻想，他凭借丰富的想象力和坚定的决心，终于实现了在陆地上生活的愿望。他沉迷于画眼睛，8 只触手灵活自如，大笔一挥就能将所见之人的眼睛画下来。

白熊
勒布朗父子

白熊一家从寒冷的故乡搬来这个气候宜人的村子，即便换了地方，全家人依然非常怕冷。周末，爸爸带着儿子到公园散步，妈妈则在家照顾小熊崽。这款父子条纹毛衣就出自喜爱编织的爸爸之手。

La Famille Leblanc en week-end

芭蕾舞者
约瑟芬和安德烈

约瑟芬和安德烈是古典芭蕾的顶级舞者。以村里的小水池为舞台，红色和黑色的衣服在水中摆动，他们在水草之间穿梭，翩翩起舞。他们的配合仿佛年轻情侣般充满默契。

Joséphine et André les Danseurs de Ballet

Réalisation et Schémas 制作方法和钩织图

编织线的松紧程度因人的手感而异，请参照制作方法页面的织片尺寸进行钩织。

Outils et Matériaux 材料和用具

制作玩偶
的必要
材料和工具

毛线

制作玩偶的毛线容易分叉，建议选用方便钩织的标准毛线。基本都是用 1 股线钩织，有时根据作品的尺寸也会用 2 股线钩织。
※ 本书作品用线的详细信息请参照 P53。

钩针

钩针的号数从 2/0 号到 10/0 号不等，数字越大针越粗。10/0 号以上的钩针用 mm 表示。图示为 HAMANAKA AmiAmi 的单头钩针。

缝衣针

针尖较圆，针孔较大，方便穿入编织线。处理织片的线头、接缝订缝、拼接各部分时使用。根据编织线的粗细，使用相应的缝衣针。图示为 HAMANAKA 的毛线缝衣针。

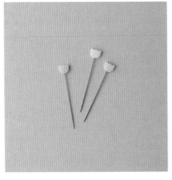

定位针

针尖略圆的编织物用定位针，拼接各部分时使用。确定眼睛、鼻子等各部分的位置之后，暂时插入定位针固定。图示为 HAMANAKA AmiAmi 定位针。

行数针数计数扣

计算织片的针数、行数时使用。还可以作为标记，在拼接各部分时使用。图示为 HAMANAKA 行数针数计数扣。

剪刀

修剪毛线、毛毡时使用。修剪五官等细节处时，建议使用刀刃狭长的手工用剪刀。

尖嘴钳

顶端较尖，适用于处理细致的工序。本书中会用尖嘴钳修剪、扭弯铁丝。

铝丝

银色略带暗光，柔软且轻盈，适用于普通的手工制作。本书在制作伊冯娜的尾巴时塞入了铝丝，以便调整形状。

手工用定型胶

直接用线头做装饰，或是直接使用修剪好的毛毡和布料时，都可以在顶端和边缘涂上定型胶，防止散开。

木工用胶水

用于粘贴眼睛、鼻子、舌头的胶水。也可以使用手工用胶水。

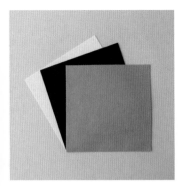

毛毡

用于制作脸部的各种表情。本书作品一般使用厚2mm的毛毡制作眼睛、鼻子、舌头、嘴巴、牙齿等部位。粘贴时使用速干型木工用胶水。

颗粒棉

纤维呈颗粒状（直径为7mm）的棉花。不易结块，填充织片时更均匀。即便是细小的部分，也能保持松软，不易走形。

填充棉

具有一定弹力，用多少撕多少，100%涤纶制成的棉花。经过抗菌、防臭加工处理。图示为HAMANAKA Clean Wata Wata（每袋100g）。

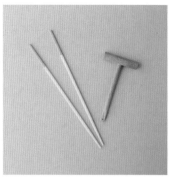

塞棉花的木棒

将棉花均匀地塞入细长的部件中时，木棒必不可少。也可以使用筷子或T型木棒，或者用钩针的长柄部分。

制作小配件

的必要

材料和工具

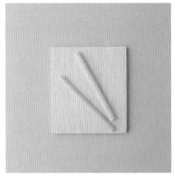

轻质木材

便于加工的轻质木材。质地非常软，用裁纸刀就可以切开。分为木板和木条两种，可根据要做的小配件选用。

英文报纸

英文报纸。本书中，兔子贵族戈登先生手里拿的就是这张用锯齿剪刀修剪过的迷你报纸。

裁纸刀

用于裁纸的工具。本书中用其切割轻质木材。

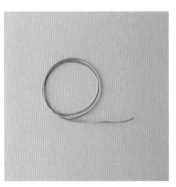

黄铜丝

略带暗金色，具有独特光泽的黄铜丝（铜锌合金）。本书中用其制作戈登先生的眼镜。

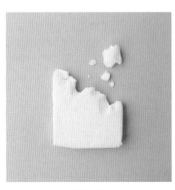

纸黏土

质地轻盈、易于塑形的手工用黏土。塑形后等其干燥变硬再上色。本书中用其制作戈登先生的拐杖手柄。

丙烯颜料

遇水即溶的水彩画颜料，干燥后具有防水性。等底色干透后再涂一层，既增加了防水性，还能让颜色更加浓重。

画笔

绘画专用笔。本书中用其为纸黏土和调色板上色。推荐使用笔头较宽的排笔和笔头较细的勾线笔。

逐针钩织非常重要

虽然钩织图看起来复杂，但只要耐心地一针一针慢慢钩织，就能钩出各种各样的形状和表情。所以坚持到最后，千万不要放弃哦！

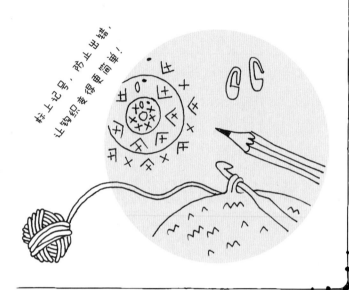

钩织过程中

钩织小部件、细长部件，以及需要不断变换钩织起点或编织线的颜色时，多余的线头常常会干扰钩织。此时，左手（非左撇子）的中指就可以大显身手了！一般来说，食指都会用于挑线，使编织线保持一定的张力，中指则相对空闲，用中指压住无须剪断的线头，或是插入小部件、细长部件中，支撑起内部，钩织就会更容易。

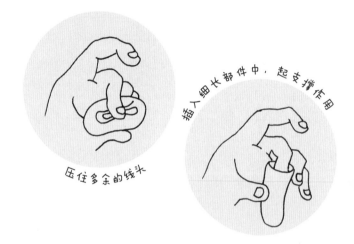

压住多余的线头

塞入棉花

钩织完小部件、细长部件后，塞入适量棉花，既有利于塑形，又能增加成品的美观度。塞棉花时，要将蓬松的棉花沿织片的内侧滑入其中，注意让棉花保持柔软的状态。不用挤压，在四周不断填充棉花，直至填满中心。一旦用力塞紧棉花，就会导致成品凹凸不平，或者不够圆润。如果出现此类问题，直接从外部调整形状无济于事，应该把塞紧的棉花取出来，拍打至蓬松后再重新塞入。

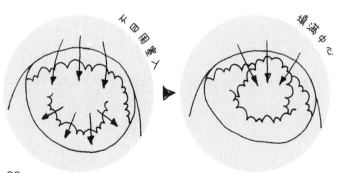

用颗粒棉增加成品的柔软度

一般情况下，用颗粒棉代替填充棉填充玩偶，制作好的成品手感会更柔软。使用颗粒棉填充，针脚不会变大，也不会出现棉花结块的现象，做好的玩偶更漂亮。不过，如果下肢也使用颗粒棉填充，就会太过柔软，无法支撑身体。要根据部件的不同选择适合的棉花填充。

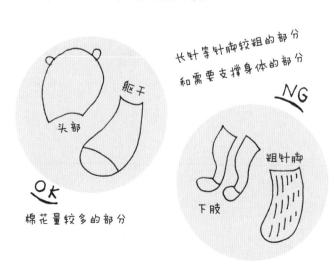

根据不同的用途挑选缝衣针

卷针缝合时，为避免挑到针脚以外的编织线或棉花，通常都用针尖较圆的缝衣针。缝合各部件时，需要避开针脚，在细小的部分进行微调，这时候可以选用针尖稍微尖一些的缝衣针。

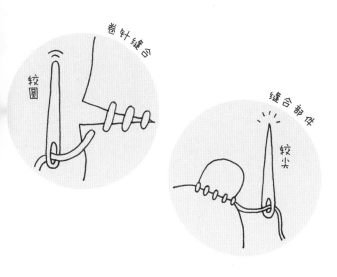

等毛毡上的定型胶干透后再进行下一步

毛毡用久了，切口处会变得毛躁，在边缘（毛毡的断面）涂上定型胶，就能解决这个问题。将涂过定型胶的部件夹在2张纸巾之间，轻轻压一下，擦掉多余液体。否则，涂过定型胶的地方会留下白色印记。由于之后要用胶水粘贴，如果定型胶尚未干透，依然会留下白色印记，所以需要特别注意。

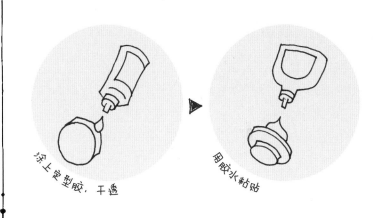

组合各部件

如果完全参照样品制作，成品的样子比较呆板，还可能失败。按照自己的感觉，将各部件拼接到自己觉得最好的位置就可以了。

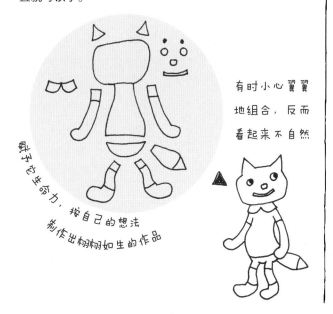

制作表情

眼睛、鼻子、耳朵的位置是否平衡，上肢缝在哪里，下肢的朝向等都会影响成品给人的印象。尤其是制作脸部的表情时，1mm的差别所呈现的效果都会截然不同，所以切勿贸然粘贴，务必先用定位针暂时确定位置，调好间距。多试几次就能制作出属于自己的独一无二的作品了！

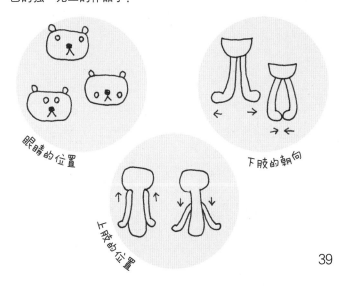

尝试钩织兔子贵族戈登先生

虽然身体的部件比较多，但钩织起来都非常简单。除眼睛以外均用毛线钩织。P46～P52将以一步一图的形式向大家介绍详细的钩织步骤，请各位试着挑战一下。

作品：P19　钩织方法图：P40　钩织方法：P46

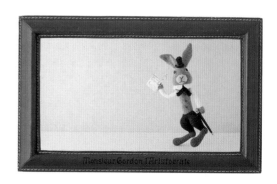

材料和用具

编织线：

Diamond 毛线 Diaepoca
浅咖啡色（370）33g，深蓝绿色（372）
22g，混合红色（375）21g，浅绿色（377）
19g，白色（301）13g，米褐色（365）
2g

针：

钩针 6/0 号

其他：

填充棉（HAMANAKA Clean Wata Wata）
约40g，毛毡（米褐色、橙色、茶色）
各 3.6cm × 2.5cm，木工用胶水，手工
用定型胶

小配件用：黄铜丝30cm，英文报纸
10cm×6.5cm3块，轻质木材 1cm×12cm，
纸黏土适量，丙烯颜料（黑色、金色），
笔，尖嘴钳，锯齿剪刀，裁纸刀

成品尺寸：

全长 38cm

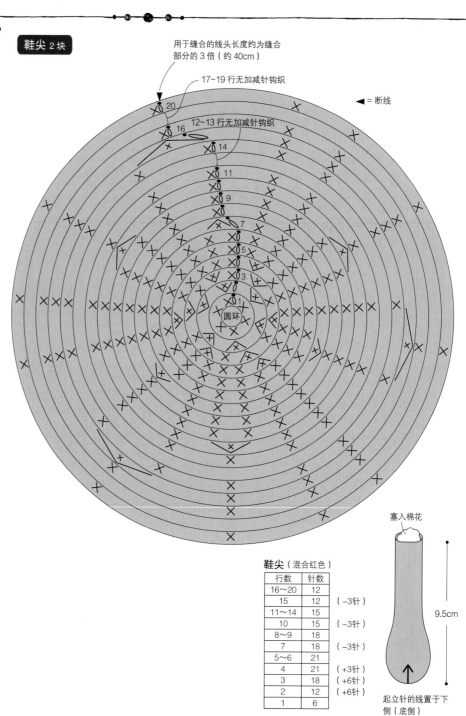

鞋尖 2 块

用于缝合的线头长度约为缝合部分的 3 倍（约 40cm）

17～19 行无加减针钩织

12～13 行无加减针钩织

◄ = 断线

圆环

塞入棉花

鞋尖（混合红色）

行数	针数	
16～20	12	
15	12	（−3针）
11～14	15	
10	15	（−3针）
8～9	18	
7	18	（−3针）
5～6	21	
4	21	（+3针）
3	18	（+6针）
2	12	（+6针）
1	6	

9.5cm

起立针的线置于下侧（底侧）

臀部 1块　　※从左右两条腿挑针后钩织

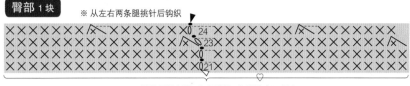

从裤子的右腿♡和左腿的♥处挑针（34针）

△＝接线
◀＝断线

臀部（深蓝色）

行数	针数	
24	30	（-2针）
23	32	（-2针）
22	34	
21	从裤子的♡和♥处挑针（34针）	

臀部的挑针方法

织入起立针的位置

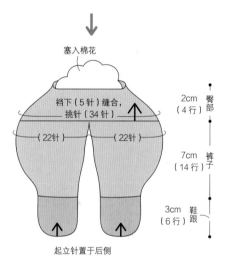

右腿（前侧）　　左腿（前侧）

♡（17针）　　♥（17针）

5针＝钩织图的○部分　　5针＝钩织图的●部分

裤子

鞋跟

①●与○对齐，从前侧将两块一起挑起，引拔缝合。
②接着再织入1针起立针，挑34针后继续钩织臀部。

塞入棉花

裆下（5针）缝合，挑针（34针）

（22针）　（22针）

2cm 臀部（4行）

7cm 裤子（14行）

3cm 鞋跟（6行）

起立针置于后侧

下肢 2块

（裤子）　　右腿＝○　　左腿＝●

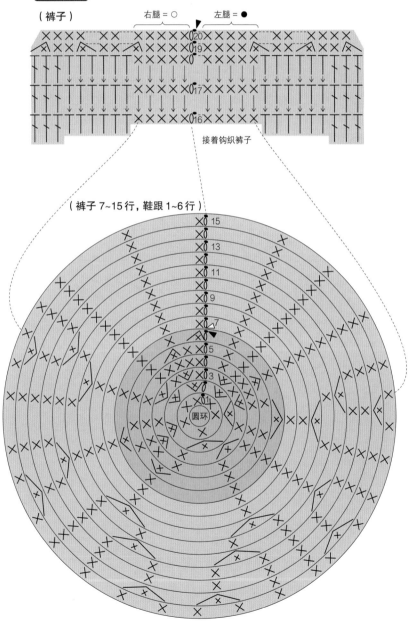

接着钩织裤子

（裤子 7~15行，鞋跟 1~6行）

圆环

鞋跟、裤子

行数	针数	
20	22	
19	22	（-6针）
15~18	28	
14	28	（+6针）
12~13	22	
11	22	（+6针）
10	16	
9	16	（+4针）
8	12	
7	12	
6	12	（-3针）
5	15	（-3针）
4	18	
3	18	（+6针）
2	12	（+6针）
1	6	

（深蓝色）裤子
（混合红色）鞋跟

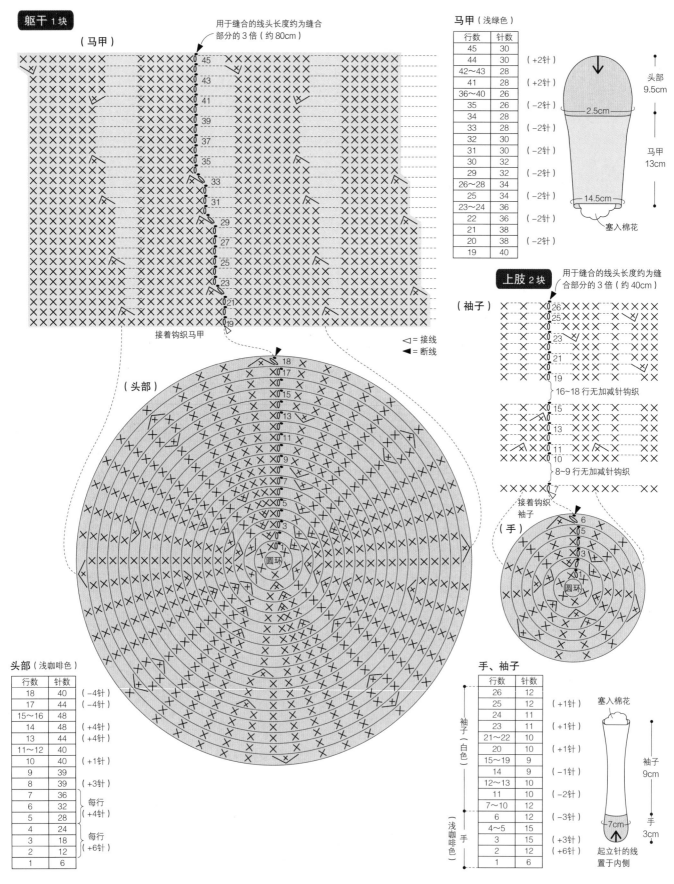

躯干 1块

（马甲）

用于缝合的线头长度约为缝合部分的3倍（约80cm）

接着钩织马甲

◁ = 接线
◀ = 断线

（头部）

马甲（浅绿色）

行数	针数	
45	30	
44	30	（+2针）
42~43	28	
41	28	（+2针）
36~40	26	
35	26	（−2针）
34	28	
33	28	（−2针）
32	30	
31	30	（−2针）
30	32	
29	32	（−2针）
26~28	34	
25	34	（−2针）
23~24	36	
22	36	（−2针）
21	38	
20	38	（−2针）
19	40	

头部
9.5cm

2.5cm

马甲
13cm

14.5cm

塞入棉花

上肢 2块

用于缝合的线头长度约为缝合部分的3倍（约40cm）

（袖子）

16~18 行无加减针钩织

8~9 行无加减针钩织

接着钩织袖子

（手）

头部（浅咖啡色）

行数	针数	
18	40	（−4针）
17	44	（−4针）
15~16	48	
14	48	（+4针）
13	44	（+4针）
11~12	40	
10	40	（+1针）
9	39	
8	39	（+3针）
7	36	每行
6	32	（+4针）
5	28	
4	24	每行
3	18	（+6针）
2	12	
1	6	

手、袖子

行数	针数	
26	12	
25	12	（+1针）
24	11	
23	11	（+1针）
21~22	10	
20	10	（+1针）
15~19	9	
14	9	（−1针）
12~13	10	
11	10	（−2针）
7~10	12	
6	12	（−3针）
4~5	15	
3	15	（+3针）
2	12	（+6针）
1	6	

袖子（白色）
手（浅咖啡色）

塞入棉花

袖子
9cm

手
3cm

7cm

起立针的线置于内侧

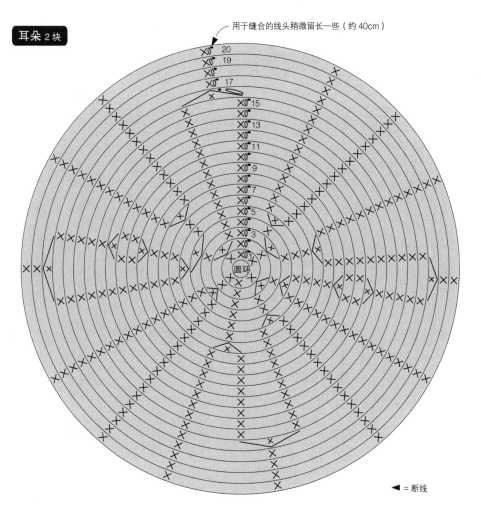

耳朵 2块

用于缝合的线头稍微留长一些（约40cm）

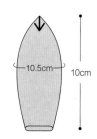

10.5cm　10cm

起立针置于后侧中心，对折

耳朵（浅咖啡色）

行数	针数	
19~20	14	
18	14	(-2针)
17	16	
16	16	(-2针)
14~15	18	
13	18	
12	18	(-2针)
10~11	20	
9	20	(+2针)
8	18	
7	18	(+3针)
6	15	
5	15	(+3针)
4	12	每行
3	10	(+2针)
2	8	
1	6	

◀ = 断线

尾巴 1块

用于缝合的线头长度约为缝合部分的3倍（约35cm）

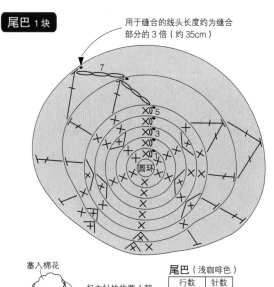

塞入棉花

起立针的位置（朝下，缝合）

6cm

尾巴（浅咖啡色）

行数	针数	
6~7	12	
5	12	
4	10	每行
3	8	(+2针)
2	6	
1	6	

口鼻部 1块

用于缝合的线头长度约为缝合部分的3倍（约55cm）

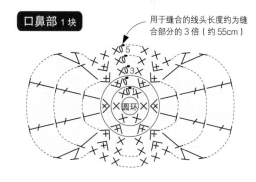

塞入棉花

3cm　3.5cm

口鼻部（浅茶色）

行数	针数	
5	24	每行
4	20	(+4针)
3	16	
2	12	(+6针)
1	6	

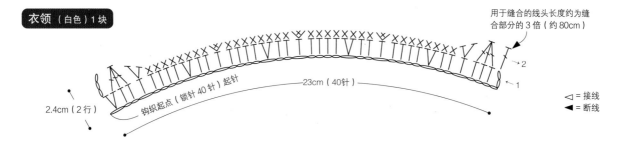

衣领（白色）1块

用于缝合的线头长度约为缝合部分的3倍（约80cm）

◁ = 接线
◀ = 断线

2.4cm（2行）
钩织起点（锁针40针）起针
23cm（40针）

领结（深蓝色）1块

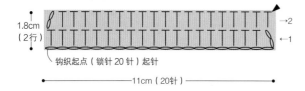

1.8cm（2行）

钩织起点（锁针20针）起针
11cm（20针）

帽子 1块

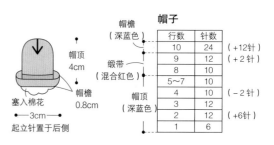

用于缝合的线头长度约为缝合部分的3倍（约45cm）

6~7行无加减针

圆环

眼睛 毛毡（米褐色、茶色、橙色）各2块

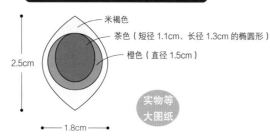

米褐色
茶色（短径1.1cm、长径1.3cm的椭圆形）
橙色（直径1.5cm）

2.5cm

1.8cm

实物等大图纸

帽檐（深蓝色）
帽顶 4cm
塞入棉花
帽檐 0.8cm
3cm
起立针置于后侧

帽子

行数	针数	
10	24	（+12针）
9	12	（+2针）
8	10	缎带（混合红色）
5~7	10	
4	10	（−2针）
3	12	帽顶（深蓝色）
2	12	（+6针）
1	6	

帽檐（深蓝色）
缎带（混合红色）
帽顶（深蓝色）

拐杖 1根

②将纸黏土揉成圆形，用胶水粘牢
1cm
①轻质木材的前半部分要削细
12cm
③用丙烯颜料上色
黑色
金色
1cm

眼镜 1副（按个人喜好）

按图示方法将黄铜丝拧成眼镜的形状。
※A为封面款眼镜，B为作品页（P19）使用的眼镜。

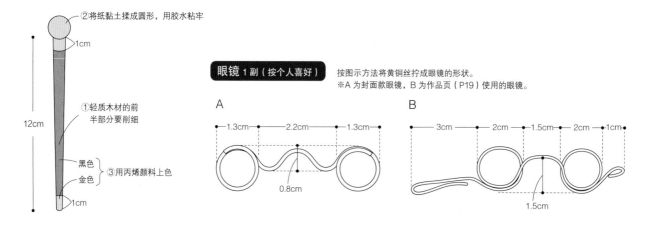

A
1.3cm — 2.2cm — 1.3cm
0.8cm

B
3cm — 2cm — 1.5cm — 2cm — 1cm
1.5cm

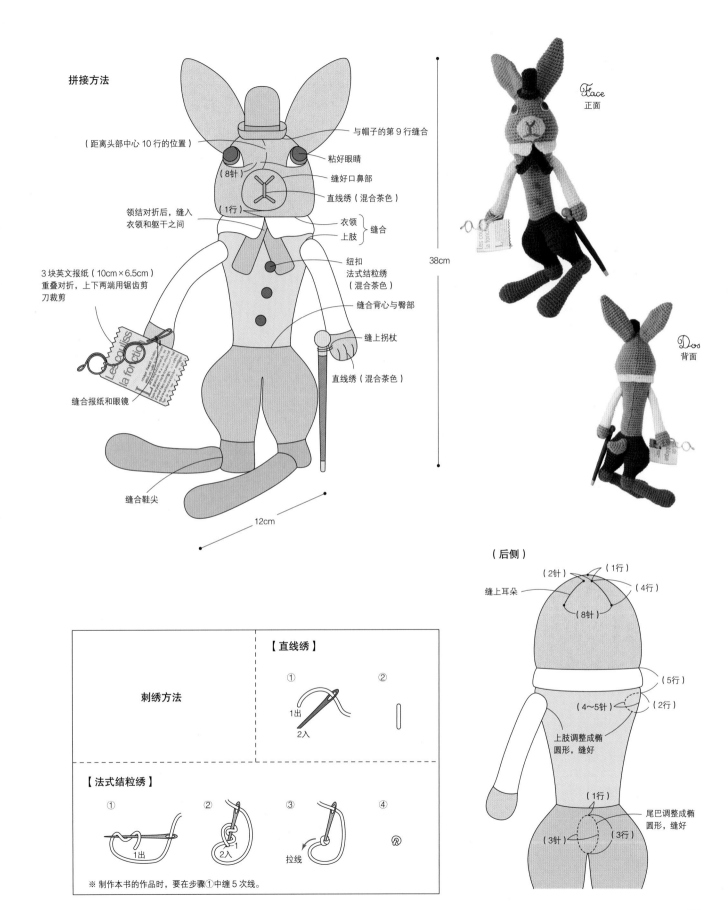

拼接方法

（距离头部中心 10 行的位置）

（8针）

（1行）

领结对折后，缝入
衣领和躯干之间

3块英文报纸（10cm×6.5cm）
重叠对折，上下两端用锯齿剪
刀裁剪

缝合报纸和眼镜

缝合鞋尖

与帽子的第 9 行缝合

粘好眼睛

缝好口鼻部

直线绣（混合茶色）

衣领

上肢　缝合

纽扣
法式结粒绣
（混合茶色）

缝合背心与臀部

缝上拐杖

直线绣（混合茶色）

38cm

12cm

Face
正面

Dos
背面

（后侧）

（2针）　　（1行）

缝上耳朵　　　　　　（4行）

（8针）

（5行）

（4～5针）　（2行）

上肢调整成椭
圆形，缝好

（1行）

尾巴调整成椭
圆形，缝好

（3针）　（3行）

刺绣方法

【直线绣】

①

1出

2入

②

【法式结粒绣】

①

1出

②

2入

③

拉线

④

※ 制作本书的作品时，要在步骤①中缠 5 次线。

45

1. 钩织鞋尖

用线头制作圆环起针 35 (自创钩法)

鞋尖

① 将混合红色线在手指上缠3圈。

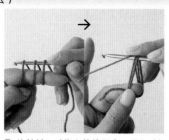

② 钩针插入手指上的线圈中,用左手捏住双线圈的部分。

③ 针上挂线,从圆环中引拔抽出。

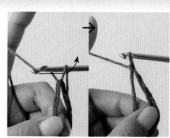

④ 再次针上挂线,引拔抽出,拉动左手上的线,收紧针脚。最初的针脚完成(此针不算第1针)。

锁针 ◯

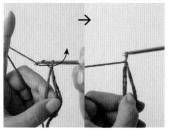

⑤ 钩织第1行最初的针脚时,先在针上挂线,再引拔抽出。完成1针立起的锁针(以下简称为锁针)。

短针 ✕

⑥ 钩针插入圆环中,挂线后引拔抽出。

⑦ 再次针上挂线,引拔抽出。

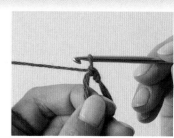

⑧ 完成1针短针。

⑨ 用同样的方法,在圆环中织入6针短针。

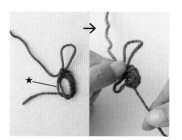

⑩ 稍稍拉动线头,收一下可活动的线(★)。之后再拉动线头,收紧圆环。

引拔针 ●

⑪ 钩织第1行最后的针脚时,将钩针插入第1针短针的头针中,挂线后引拔钩织(引拔针)。

⑫ 第1行钩织完成。

短针1针分2针 ⩔

⑬ 第2行先织入1针立起的锁针。

⑭ 接着,在上一行的1个针脚中织入1针短针。

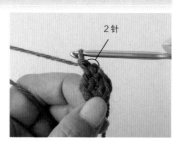

⑮ 在步骤⑭的同一针脚中再织入1针。完成"短针1针分2针"。

⑯ 接着,在所有的针脚中织入"短针1针分2针"。最后,按照步骤⑪的方法织入引拔针。第2行钩织完成。

短针2针并1针 ⚡

⑰ 按照钩织图加针钩织至第6行。在第7行织入1针立起的锁针。

⑱ 钩针插入上一行的1个针脚中，挂线后引拔抽出。

⑲ 用同样的方法，从第2个针脚中抽出线，再次针上挂线，一次性引拔抽出。完成"短针2针并1针"。

⑳ 接着，按照钩织图减针钩织，最后织入引拔针。第7行钩织完成。

㉑ 按照钩织图钩织至第20行最后的引拔针。

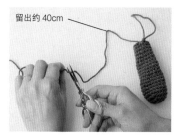

留出约40cm

㉒ 抽出针，留出40cm左右的线头后剪断编织线。

㉓ 将抽针后留下的线圈拉紧，抽出线头。

㉔ 线头穿入缝衣针中。

连接锁链针

㉕ 缝衣针穿入第1个针脚的头针2根线中。

㉖ 再往回穿入终点处线头所在的线圈中。

㉗ 拉动线头，收紧针脚。鞋尖钩织完成。

㉘ 用同样的方法再钩织1块织片。

2.继续钩织下肢（鞋跟、裤子） 更换不同颜色的线

鞋跟（右脚）

① 用混合红色线钩织5行，钩织第6行最后的短针时，在引拔抽出线前停下。

② 将编织线换成深蓝色（裤子用线），针上挂线后引拔抽出。完成最后的短针。

③ 织入行间终点处的引拔针。第6行完成。留出10cm左右的混合红色线头后剪断线。

裤子（右腿）

④ 第7行用深蓝色线钩织数针，然后将混合红色线和深蓝色线的线头打结，防止针脚散开。

⑤ 用加针的方法钩织至第 15 行。第 16 行先织入 5 针短针。

中长针 T

⑥ 钩织第 6 针时，先针上挂线，然后插入上一行短针的头针中。

⑦ 挂线后引拔抽出。

⑧ 再次针上挂线，引拔穿过针上的所有线圈。完成 1 针中长针。

⑨ 继续钩织 6 针中长针。

长针 T

⑩ 钩织下一针脚时，先针上挂线，然后将钩针插入上一行的头针中，挂线后引拔抽出。

⑪ 接着针上挂线，引拔穿过前两个线圈。

⑫ 再次针上挂线，引拔穿过所有的线圈。完成 1 针长针。
※ ☆的状态称作"未完成的长针"。

⑬ 按照钩织图所示钩织至最后。第 16 行钩织完成。

⑭ 继续钩织至第 20 行最后的短针。

⑮ 连接锁链针后剪断线（参照 P47 第 1 部分的步骤㉕～㉗）。线头穿入织片反面的数针中，剪掉多余部分即可。

⑯ 用同样的方法再钩织 1 块织片。

3. 钩织臀部

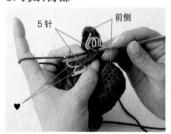

① 对齐左右腿的钩织起点（♥）。再对齐两腿前侧的 5 针，钩针插入 2 块织片的头针中。

② 针上挂线后织入 5 针引拔针，连接右腿。

③ 再将钩针插入左腿的第 6 针中，钩织短针。

④ 然后继续在左腿织入短针。

⑤ 钩织至前侧的引拔针位置(参照①)时，换至右腿钩织短针。

⑥ 继续用短针钩织至最后。

⑦ 最后将钩针插入左腿第1针的头针中（参照⑥的箭头），织入引拔针。第21行钩织完成。

⑧ 按钩织图钩织至第24行，处理好线头（参照P48第2部分的步骤⑮）。鞋跟、裤子、臀部钩织完成。

4. 钩织躯干（头部和马甲）

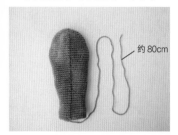

按照钩织图织入45行。留出80cm左右的线头。头部和马甲钩织完成。

5. 钩织上肢（手和袖子）

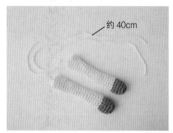

按照钩织图织入26行。留出40cm左右的线头。同样的织片钩织2块。手和袖子钩织完成。

6. 钩织耳朵

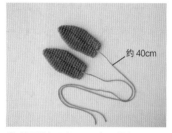

① 按照钩织图织入20行。留出40cm左右的线头。同样的织片钩织2块。

② 钩织起点置于中心，捏紧两边，用缝衣针挑起对应的针脚（均为头针的2根线），用卷针缝合。

③ 卷缝的线头置于内侧。右耳也用同样的方法处理。

7. 钩织口鼻部

中长针1针分2针 V

① 按照钩织图钩织至第4行。第5行先织入3针锁针，再次针上挂线。

② 在上一行的1个针脚中织入2针中长针。完成"中长针1针分2针"。

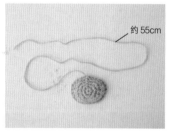

③ 第5行按照钩织图钩织至最后。留出55cm左右的线头。口鼻部钩织完成。

8. 钩织尾巴

① 按照钩织图钩织至第5行。

长针2针并1针（起立针和1针长针） A

② 钩织第6行最初的针脚时，先织入3针锁针的起立针，然后针上挂线。

③ 钩针插入上一行短针的头针中，织入未完成的长针（参照P48第2部分的步骤⑫）。再次针上挂线，引拔穿过所有的线圈。

④ 长针2针并1针（起立针和1针长针）钩织完成。

长针2针并1针 人

⑤ 钩织第6行最后的2个针脚时，先分别织入未完成的长针，再次针上挂线，一次性引拔抽出。

⑥ 完成"长针2针并1针"。

⑦ 最后织入引拔针。第6行钩织完成。

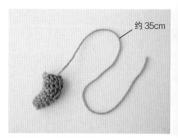

约35cm

⑧ 按照钩织图钩织第7行。留出35cm左右的线头。尾巴钩织完成。

9. 钩织帽子

10. 钩织衣领

锁针起针

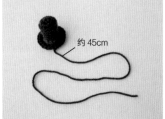

约45cm

按照钩织图织入10行。留出45cm左右的线头。帽子钩织完成。

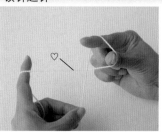

① 按照图片所示，将编织线挂在左右手指上。

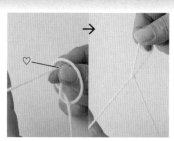

② 捏住编织线的♡部分，穿过右手的线圈，抽出编织线。

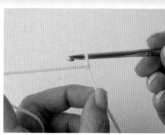

③ 将步骤②做好的线圈挂在钩针上，收紧。完成最初的针脚（此针不算第1针）。

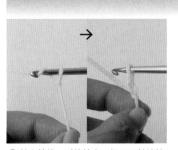

④ 针上挂线，引拔抽出。织入1针锁针。

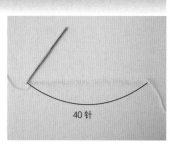

40针

⑤ 重复步骤④，共织入40针锁针。此为起针。

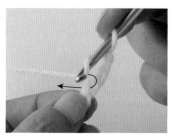

⑥ 接着织入2针锁针的起立针。针上挂线后插入顶端数第4针锁针的里山（参照P93）中。

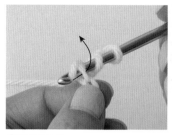

⑦ 挂线后抽出。

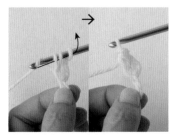

⑧ 针上挂线，织入中长针。

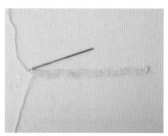

⑨ 继续按照钩织图钩织第1行。第1行钩织完成。

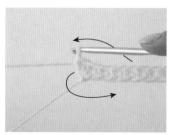

⑩ 将织片左端置于内侧，压住右端转动织片，翻转方向。

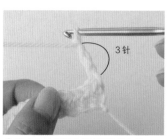

3针

⑪ 第2行先钩织3针锁针的起立针。

⑫ 在上一行的第2~4针中分别织入未完成的长针（参照P48第2部分的步骤⑫），针上挂线后一次性引拔抽出。

⑬ 完成"长针3针并1针"。

⑭ 按照钩织图继续钩织至倒数第2针。

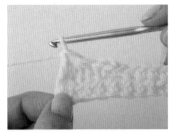

⑮ 钩织最后1针时，先将钩针插入上一行第2针起立针的头针2根线中，织入长针。

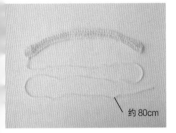

约80cm

⑯ 留出80cm左右的线头，剪断线。衣领钩织完成。

11. 钩织领结

织入20针锁针起针，按照钩织图织2行。领结钩织完成。

12. 制作眼睛

① 按照图纸裁剪毛毡，边缘（断面）涂上手工用定型胶，晾干。

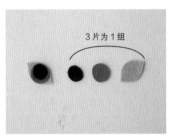

3片为1组

② 毛毡的反面涂一层薄薄的木工用胶水，叠放后晾干。制作两组。

13. 塞入棉花

① 用手将填充棉塞入较粗的部分（塞棉花的方法参照P38）。

② 用筷子将填充棉塞入较细的部分（塞棉花的方法参照P38）。

③ 用手捏一捏，调整形状。

14. 缝合躯干

① 将马甲（头部和马甲的部分）和臀部（鞋跟、裤子、臀部的部分）的终点处对齐，用卷针缝合对应的针脚（头针2根线）。

② 缝至整体的五分之四后，在躯干的缝隙中塞入少量棉花，调整形状。

③ 最后将缝衣针插入织片的几个针脚中，将线头藏到里面，再从针脚的缝隙中抽出缝衣针，这样处理之后，线头就不会太显眼。

④ 打单结固定，重复2~3次。

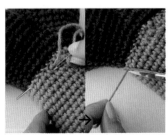

⑤ 再次将缝衣针插入步骤③的针脚缝隙中，藏入步骤④的单结内侧。然后从旁边穿出针，拉紧线后靠近织片剪断。

15. 完成

口鼻部

口鼻部塞入少量棉花，用定位针暂时固定到脸部。用终点处的线头缝合两部分。

将铝丝塞入耳朵中

在缝合 P49 第 6 部分步骤③之前，先将铝丝对折，塞入耳朵中。铝丝的一端（内侧）拧成圆形，露出另一端以便将其插入头部中，缝合织片边缘。按照 P45 介绍的方法，拼接头部和耳朵。

约 23cm

1.5cm

耳朵

呈倒八字放置，与头部缝合。

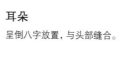

帽子

缝好耳朵和脸部表情之后再缝帽子。

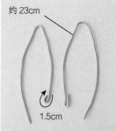

绣出嘴巴

1. 编织线一头打结后穿入缝衣针中，在织片不太显眼的位置穿入针。按照 1 出、2 入、3 出的顺序穿针，绣出 V 字形的鼻尖。

2 入
1 出
3 出

2. 缝衣针插入嘴巴中央，从右端穿出。

3. 挑起鼻尖和嘴巴中央的渡线(★)，穿入嘴巴的左端。调整形状后处理好线头。

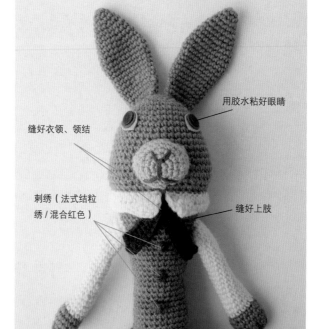

缝好衣领、领结

用胶水粘好眼睛

刺绣（法式结粒绣/混合红色）

缝好上肢

尾巴

尾巴中塞入少量棉花，起立针位置朝下，缝好。

鞋尖

鞋尖朝向正面，缝在鞋跟上。

绣出指尖

用 3 股混合红色线刺绣（直线绣）。

16. 制作小配件

参照 P44 制作眼镜和拐杖，参照 P45 制作报纸。

拐杖

眼镜

报纸

（封面用）

本书用线

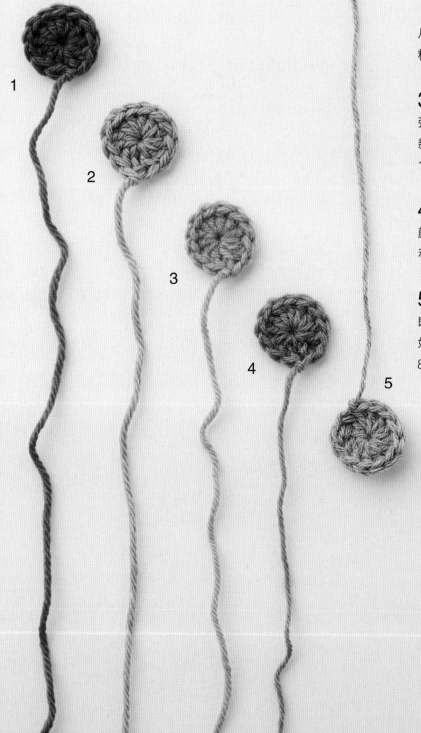

1. RichMore Spectre Modem

轻柔且不易起球的标准羊毛毛线。适合钩织，手感顺滑。每卷 40g（约 80m），全 50 色。

2. HAMANAKA 手工线
Exceed Wool L（普通粗线）

从小配件到衣物均可使用的普通粗线。成分为 100% 精加工美利奴羊毛。每卷 40g（约 80m），全 39 色。

3. HAMANAKA 手工线 Amerry

弹性和保暖性兼具的手工编织线。成分中 70% 为新西兰美利奴羊毛，30% 为腈纶。每卷 40g（约 110m），全 38 色。

4. RichMore Percent

颜色丰富的 100% 羊毛毛线。适合钩织多配色的花样和嵌入花样。每卷 40g（约 120m），全 100 色。

5. Diamond 毛线 Diaepoca

既轻柔又亲肤的 100% 美利奴羊毛毛线。韧性较好，柔软且适合钩织的普通粗线。每卷 40g（约 81m），全 40 色。

钩织图

Robert le Boulanger

驴子面包师 罗伯特

作品：P6

材料和用具

编织线： Diamond 毛线 Diaepoca

混合灰色（357）26g，米黄色（353）12g，混合深灰色（358）9g，浅咖啡色（370）8g，茶色（351）7g，焦茶色（350）4g，奶油色（354）2g，金黄色（305）2g

针： 钩针 6/0 号

其他： 填充棉（HAMANAKA Clean Wata Wata）约 20g，颗粒棉适量，毛毡（白色和黑色）各 4cm×2cm、（红色）6.7cm×0.6cm，木工用胶水，手工用定型胶

成品尺寸： 全长 24cm

钩织方法：

1 钩织各部分，塞入棉花

钩织各部分，在头部（鼻尖、头部前面），上肢（蹄子、手臂、袖子），下肢（靴子、膝盖、裤子）的顶端以及裤子的臀部塞入大量棉花，在躯干中塞入颗粒棉。

2 拼接

用卷针缝合头部和头部后面，接着再用卷针将其与躯干缝合。将上肢、下肢、尾巴缝在躯干上。将耳朵、鬃毛、鸭舌帽缝在头部。先用定位针暂时固定各部分，再根据个人喜好决定具体的位置，注意整体平衡即可。

重点 鬃毛和尾巴的线头要剪得长短不一，用手将线捻开一些，更形象逼真。

3 完成

将眼睛、嘴巴粘在脸部，在鼻尖绣出鼻孔。将围巾缠在脖子上，缝好固定。

Face 正面 *Dos* 背面

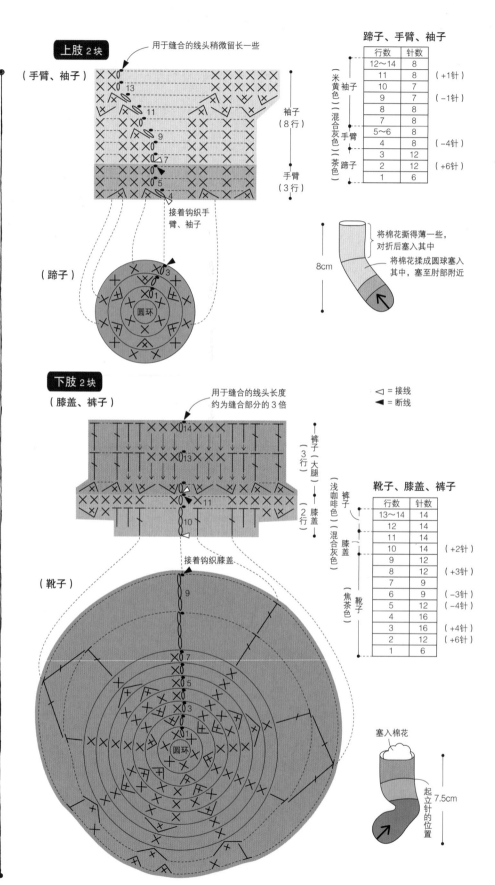

上肢 2块

用于缝合的线头稍微留长一些

（手臂、袖子）

袖子（8行）

手臂（3行）

接着钩织手臂、袖子

（蹄子）

圆环

蹄子、手臂、袖子

行数	针数	
12～14	8	
11	8	（+1针）
10	7	
9	7	（-1针）
8	8	
7	8	
5～6	8	
4	8	（-4针）
3	12	
2	12	（+6针）
1	6	

（米黄色）袖子（混合灰色）手臂（茶色）蹄子

将棉花撕得薄一些，对折后塞入其中

将棉花揉成圆球塞入其中，塞至肘部附近

8cm

下肢 2块

（膝盖、裤子）

用于缝合的线头长度约为缝合部分的 3 倍

裤子（3行）（大腿）

膝盖（2行）

接着钩织膝盖

（靴子）

圆环

◁ = 接线
◀ = 断线

（裤子 浅咖啡色）（膝盖 混合灰色）（靴子 焦茶色）

靴子、膝盖、裤子

行数	针数	
13～14	14	
12	14	
11	14	
10	14	（+2针）
9	12	
8	12	（+3针）
7	9	
6	9	（-3针）
5	12	（-4针）
4	16	
3	16	（+4针）
2	12	（+6针）
1	6	

塞入棉花

起立针的位置

7.5cm

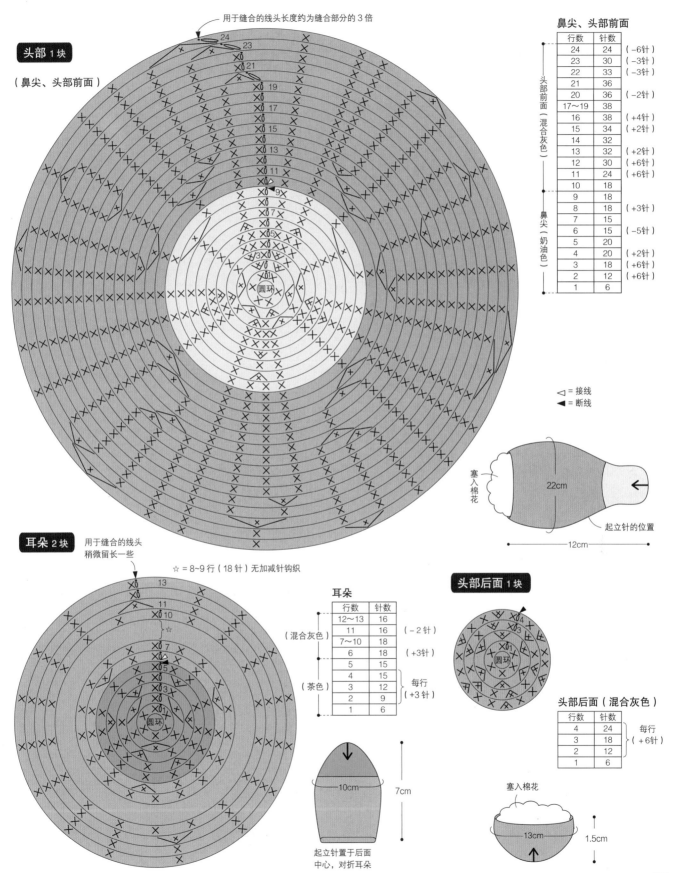

用于缝合的线头长度约为缝合部分的 3 倍

头部 1块

（鼻尖、头部前面）

鼻尖、头部前面

行数	针数	
24	24	（－6针）
23	30	（－3针）
22	33	（－3针）
21	36	
20	36	（－2针）
17～19	38	
16	38	（＋4针）
15	34	（＋2针）
14	32	
13	32	（＋2针）
12	30	（＋6针）
11	24	（＋6针）
10	18	
9	18	
8	18	（＋3针）
7	15	
6	15	（－5针）
5	20	
4	20	（＋2针）
3	18	（＋6针）
2	12	（＋6针）
1	6	

头部前面（混合灰色）　鼻尖（奶油色）

◁ ＝ 接线
◀ ＝ 断线

塞入棉花

22cm

起立针的位置

12cm

耳朵 2块

用于缝合的线头稍微留长一些

☆ ＝ 8～9 行（18 针）无加减针钩织

耳朵

行数	针数	
12～13	16	
11	16	（－2针）
7～10	18	
6	18	（＋3针）
5	15	
4	15	每行
3	12	（＋3针）
2	9	
1	6	

（混合灰色）　（茶色）

10cm

7cm

起立针置于后面中心，对折耳朵

头部后面 1块

头部后面（混合灰色）

行数	针数	
4	24	每行
3	18	（＋6针）
2	12	
1	6	

塞入棉花

13cm

1.5cm

躯干 1块

（臀部、衣身）

用于缝合的线头长度约为缝合部分的3倍

臀部、衣身

行数	针数	
21	20	
20	20	（-4针）
18～19	24	
17	24	（-2针）
15～16	26	
14	26	（-4针）
13	30	（-4针）
12	34	
11	34	（+2针）
9～10	32	
8	32	
7	32	（+2针）
6	30	（+3针）
5	27	（+3针）
4	24	
3	18	每行
2	12	（+6针）
1	6	

（衣身 米黄色）
（臀部 浅咖啡色）

塞入棉花

起立针置于后侧

10.5cm

18.5cm

◁ = 接线
◀ = 断线

尾巴（混合灰色）

1.4cm

钩织起点（锁针8针）起针

4.5cm

鸭舌帽（混合深灰色）

行数	针数	
16	24	（+6针）
15	18	（-6针）
14	24	（-8针）
13	32	（-4针）
12	36	
11	36	（+6针）
10	30	（+6针）
9	24	每行
8	20	（+4针）
7	16	
6	12	
5	8	（+2针）
4	6	（+3针）
3	3	（-3针）
2	6	
1	6	

鸭舌帽 1块

用于缝合的线头长度约为缝合部分的3倍

5cm

17cm

1.6cm

围巾（金黄色）1块

钩织起点（锁针35针）起针
←1

21cm

◀ = 断线

拼接方法（左侧）

先缝好鬃毛（茶色），
再拼接鸭舌帽

雏菊绣（茶色）

（3针）

2行

1行

☆ = （2针）

（2行）

鸭舌帽缝在耳朵之间

耳朵对折后缝好

①用卷针缝合头部后
面与头部前面

（3行）

（9针）

（4行）

嘴巴 眼睛

粘好

（5行）

起立针的位置

②用卷针缝合头部与躯干

缝上左臂

（8针）

（3行）

起立针的位置

（9行）

缝好左腿

（2针）

（4行）

（4行）

鬃毛的制作方法

用于缝合的线头
稍微留长一些

②剪开线圈

②

①毛线（茶色）在4根手指上
缠20圈，取下后系紧中央

嘴巴 毛毡（红色）1块

0.6cm

6.7cm

拼接方法（右侧）

眼睛 毛毡（白色、黑色）各2块

白色

黑色

1.7cm

2cm

1.4cm

1.7cm

实物等
大图纸

缝好右臂

缝好围巾

（4针）

（9行）

缝好右腿

（14针）

起立针的位置

★

★

★ = （4行）

缝好尾巴

②用同色线系紧

（茶色）

①拼接6根流苏

3～5cm

24cm

刺绣方法

【雏菊绣】

3出

2入

1出

4入

2 1

57

小学生 埃米尔

作品：P8

材料和用具

编织线：RichMore Percent

浅咖啡色（124）19g，深蓝色（47）16g，混合茶色（125）9g，黑色（90）3g，白色（1）1g，深灰色（122）1g

针：钩针 5/0 号

其他：填充棉（HAMANAKA Clean Wata Wata）约 20g，颗粒棉适量，毛毡（白色、黑色）各 4cm×3cm，木工用胶水，手工用定型胶

成品尺寸：全长 28cm

钩织方法

1 钩织各部分，塞入棉花

钩织完头部和衣身后，继续钩织躯干，塞入棉花。上肢（手臂、袖子），下肢（靴子、短袜、膝盖、裤子），臀部，尾巴中塞入棉花，口鼻部塞入同色线。其他部分不需要塞入棉花。

重点 在填充棉中混入一些颗粒棉，质感会更加柔软。

2 拼接

用卷针缝合躯干与臀部。先用定位针暂时固定脸部的各部分、上肢、下肢、尾巴，再分别用同色线缝好。

3 完成

将眼睛的基底缝在脸部，绣出眉毛。粘上眼睛和鼻子，再缝上衣领。

Face 正面　*Dos* 背面

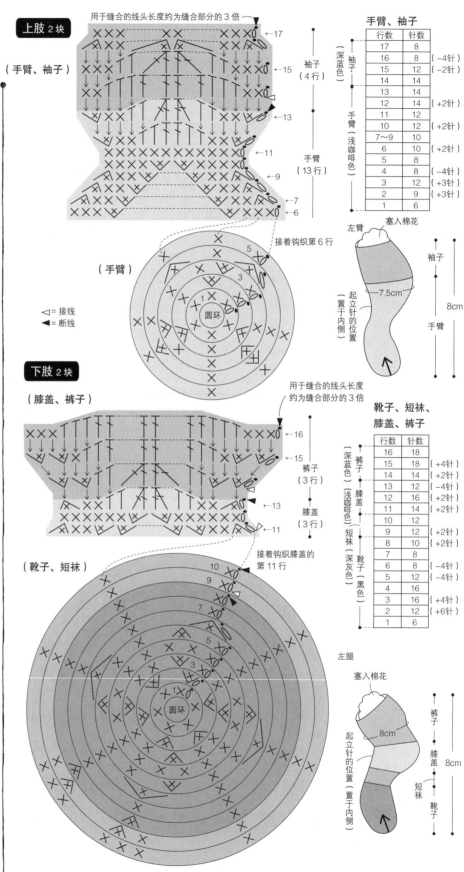

手臂、袖子

行数	针数	
17	8	
16	8	(−4针)
15	12	(−2针)
14	14	
13	14	
12	14	(+2针)
11	12	
10	12	(+2针)
7～9	10	
6	10	(+2针)
5	8	
4	8	(−4针)
3	12	(+3针)
2	9	(+3针)
1	6	

靴子、短袜、膝盖、裤子

行数	针数	
16	18	
15	18	(+4针)
14	14	(+2针)
13	12	(−4针)
12	16	(+2针)
11	14	(+2针)
10	12	
9	12	(+2针)
8	10	(+2针)
7	8	
6	8	(−4针)
5	12	(−4针)
4	16	
3	16	(+4针)
2	12	(+6针)
1	6	

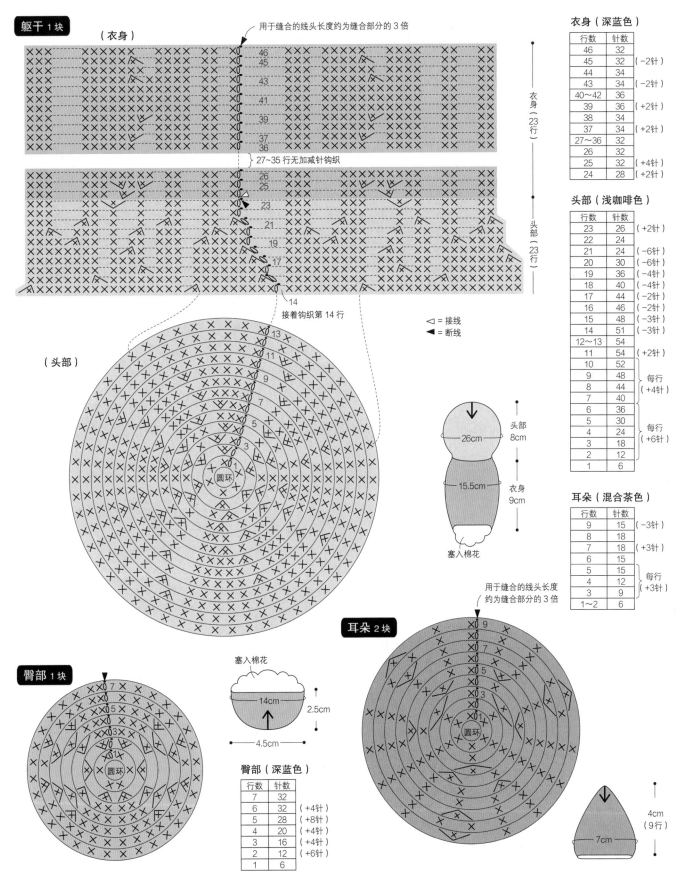

躯干 1块

（衣身）

用于缝合的线头长度约为缝合部分的 3 倍

27~35 行无加减针钩织

接着钩织第 14 行

（头部）

◁ = 接线
◀ = 断线

头部
8cm

26cm

衣身
9cm

15.5cm

塞入棉花

衣身（深蓝色）

行数	针数	
46	32	
45	32	（−2针）
44	34	
43	34	（−2针）
40~42	36	
39	36	（+2针）
38	34	
37	34	（+2针）
27~36	32	
26	32	
25	32	（+4针）
24	28	（+2针）

头部（浅咖啡色）

行数	针数	
23	26	（+2针）
22	24	
21	24	（−6针）
20	30	
19	36	（−4针）
18	40	（−4针）
17	44	（−2针）
16	46	（−2针）
15	48	（−3针）
14	51	（−3针）
12~13	54	
11	54	（+2针）
10	52	
9	48	每行
8	44	（+4针）
7	40	
6	36	
5	30	
4	24	每行
3	18	（+6针）
2	12	
1	6	

耳朵（混合茶色）

行数	针数	
9	15	（−3针）
8	18	
7	18	（+3针）
6	15	
5	15	每行
4	12	（+3针）
3	9	
1~2	6	

耳朵 2块

用于缝合的线头长度
约为缝合部分的 3 倍

4cm
（9行）

7cm

臀部 1块

塞入棉花

14cm

2.5cm

4.5cm

臀部（深蓝色）

行数	针数	
7	32	
6	32	（+4针）
5	28	（+8针）
4	20	（+4针）
3	16	（+4针）
2	12	（+6针）
1	6	

圆环

衣领（白色）1块

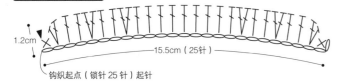

1.2cm

15.5cm（25针）

钩织起点（锁针25针）起针

上嘴唇（混合茶色）1块

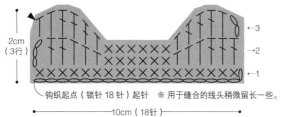

2cm（3行）

←3
←2
←1

10cm（18针）

钩织起点（锁针18针）起针 ※用于缝合的线头稍微留长一些。

口鼻部 1块

用于缝合的线头长度约为缝合部分的3倍

口鼻部（混合茶色）

行数	针数	
4	20	（+2针）
3	18	（+6针）
2	12	（+6针）
1	6	

2cm

3cm

塞入同色线

眼睛的基底 2块

2cm

眼睛的基底（混合茶色）

行数	针数	
2	12	（+6针）
1	6	

尾巴 1块

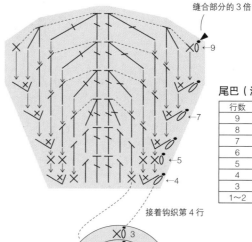

用于缝合的线头长度约为缝合部分的3倍

←9
←7
←5
←4

尾巴（浅咖啡色）

行数	针数	
9	6	（-4针）
8	10	
7	10	
6	10	
5	10	
4	10	（+2针）
3	8	（+2针）
1～2	6	

接着钩织第4行

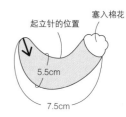

塞入棉花

起立针的位置

5.5cm

7.5cm

◀ = 断线

拼接方法

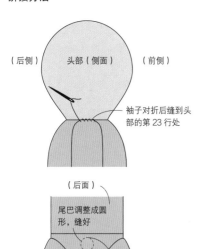

（后侧）　头部（侧面）　（前侧）

袖子对折后缝到头部的第23行处

（后面）

尾巴调整成圆形，缝好

（2行）
（4行）

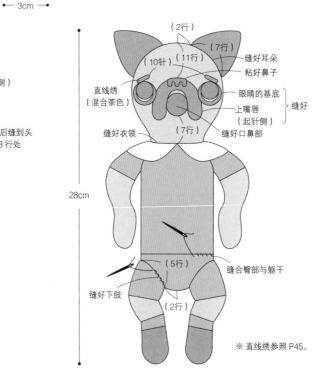

（2行）
（7行）
（10针）（11行）
（7行）

缝好耳朵
粘好鼻子

直线绣（混合茶色）

眼睛的基底

上嘴唇（起针侧）

缝好

缝好衣领

缝好口鼻部

（7行）

28cm

（5行）
缝合臀部与躯干

缝好下肢

（2行）

※ 直线绣参照 P45。

眼睛 毛毡（黑色、白色）各2块

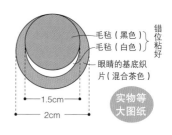

毛毡（黑色）
毛毡（白色）
眼睛的基底织片（混合茶色）

错位粘好

1.5cm
2cm

实物等大图纸

鼻子 毛毡（黑色）1块

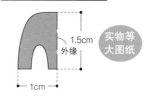

1.5cm
外缘
1cm

实物等大图纸

小学生 乔琪

作品：P8

材料和用具

编织线：RichMore Percent

米褐色（84）14g，深灰色（122）14g，白色（1）11g，混合茶色（125）7g，黑色（90）3g

针：钩针 5/0 号

其他：填充棉（HAMANAKA clean wata wata）约 20g，颗粒棉适量，毛毡（白色、黑色）各 4cm×3cm，木工用胶水，手工用定型胶

成品尺寸：全长 24cm

钩织方法：

1 钩织各部分，塞入棉花

钩织完躯干后，继续钩织头部、衣身、短裙、衬裙，从头部至衣身塞入棉花。在上肢（手臂、袖子），下肢（靴子、膝盖、打底裤的 2 行），打底裤（臀部）中塞入棉花，口鼻部和尾巴中塞入同色线。

重点 在填充棉中混入一些颗粒棉，质感会更加柔软。

2 拼接

用卷针缝合躯干与打底裤（臀部）。先用定位针暂时固定上肢、下肢、脸部的各部分、尾巴，再用线头分别缝合，注意整体平衡即可。

重点 缝合打底裤与短裙时，使用与短裙颜色相同的线（深灰色）不会太显眼。

3 完成

将眼睛的基底缝在脸部，绣出眉毛。粘上眼睛和鼻子，缝上衣领。

Face 正面　　*Dos* 背面

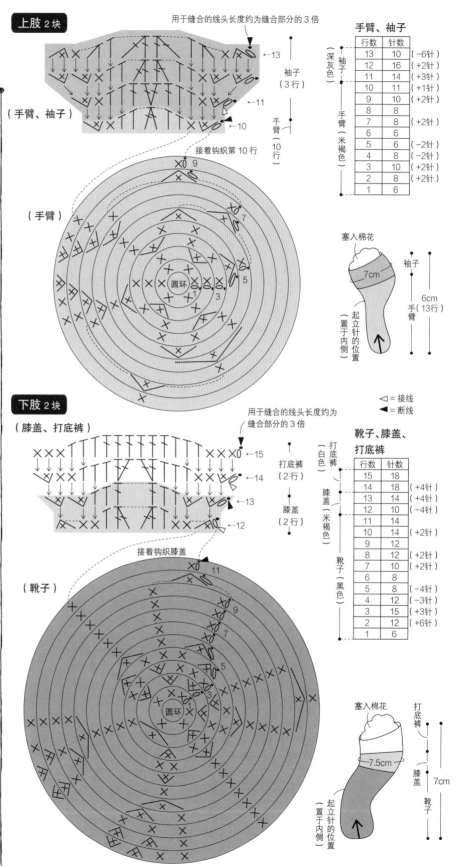

上肢 2 块
（手臂、袖子）

用于缝合的线头长度约为缝合部分的 3 倍

←13
←11
←10

（手臂）

接着钩织第 10 行

×0 9

×0 7

圆环 1

3 5

袖子（3 行）
手臂（10 行）

手臂、袖子

	行数	针数	
袖子（深灰色）	13	10	（−6针）
	12	16	（+2针）
	11	14	（+3针）
	10	11	（+1针）
	9	10	（+2针）
	8	8	
手臂（米褐色）	7	8	（+2针）
	6	6	
	5	6	（−2针）
	4	8	（−2针）
	3	10	（+2针）
	2	8	（+2针）
	1	6	

塞入棉花

7cm

袖子（3行）

6cm 手臂（13行）

起立针的位置（置于内侧）

◁ = 接线
◀ = 断线

下肢 2 块
（膝盖、打底裤）

用于缝合的线头长度约为缝合部分的 3 倍

←15
←14
←13
←12

接着钩织膝盖

（靴子）

×0 11

×0 9

×0 7

圆环 3 5

打底裤（2 行）
膝盖（2 行）
靴子（黑色）

靴子、膝盖、打底裤

	行数	针数	
打底裤（白色）	15	18	
	14	18	（+4针）
膝盖（米褐色）	13	14	（+4针）
	12	10	（−4针）
	11	14	
	10	14	（+2针）
靴子（黑色）	9	12	
	8	12	（+2针）
	7	10	（+2针）
	6	8	
	5	8	（−4针）
	4	12	（−3针）
	3	15	（+3针）
	2	12	（+6针）
	1	6	

塞入棉花

7.5cm

打底裤

膝盖

7cm 靴子

起立针的位置（置于内侧）

躯干 1块

（头部、衣身、短裙、衬裙）

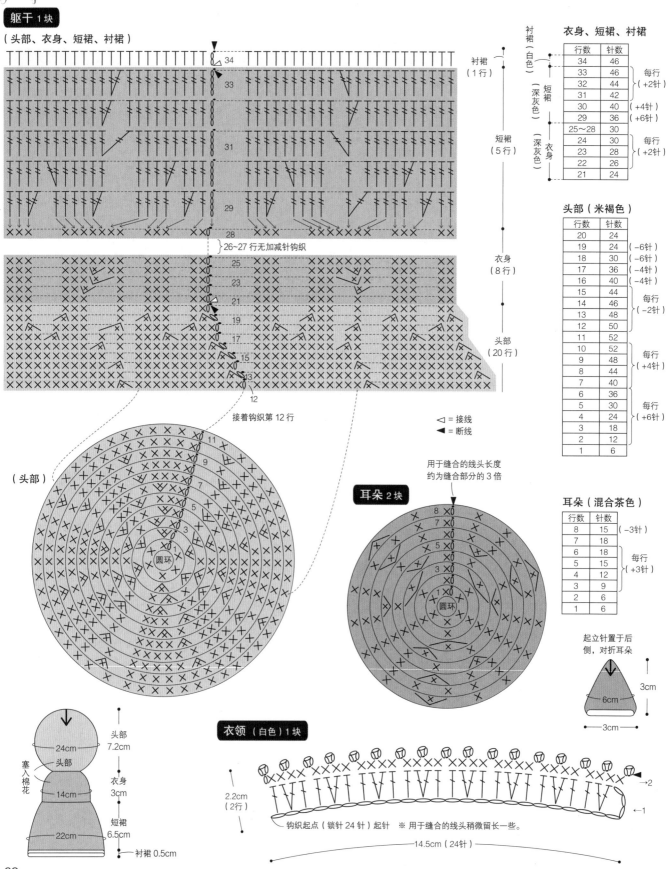

26~27 行无加减针钩织

接着钩织第 12 行

◁ ＝ 接线
◀ ＝ 断线

衬裙（1行）
短裙（5行）
衣身（8行）
头部（20行）

（头部）

耳朵 2块

用于缝合的线头长度约为缝合部分的 3 倍

起立针置于后侧，对折耳朵

3cm
6cm
3cm
3cm

衣身、短裙、衬裙

行数	针数	
34	46	衬裙（白色）
33	46	每行（+2针）
32	44	
31	42	短裙（深灰色）
30	40	（+4针）
29	36	（+6针）
25~28	30	
24	30	衣身（深灰色）每行（+2针）
23	28	
22	26	
21	24	

头部（米褐色）

行数	针数	
20	24	
19	24	（-6针）
18	30	（-6针）
17	36	（-4针）
16	40	（-4针）
15	44	每行（-2针）
14	46	
13	48	
12	50	
11	52	
10	52	每行（+4针）
9	48	
8	44	
7	40	
6	36	每行（+6针）
5	30	
4	24	
3	18	
2	12	
1	6	

耳朵（混合茶色）

行数	针数	
8	15	（-3针）
7	18	
6	18	每行（+3针）
5	15	
4	12	
3	9	
2	6	
1	6	

头部 7.2cm
24cm
头部
塞入棉花
14cm
衣身 3cm
22cm
短裙 6.5cm
衬裙 0.5cm

衣领（白色）1块

2.2cm（2行）

钩织起点（锁针 24 针）起针　※用于缝合的线头稍微留长一些。

14.5cm（24针）

→2
←1

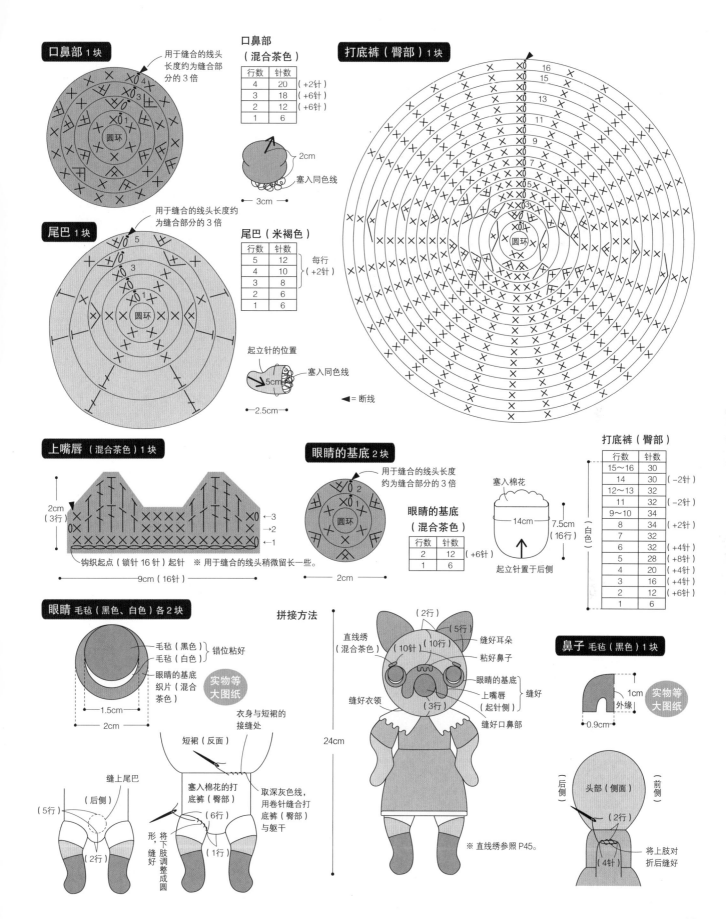

口鼻部 1块

用于缝合的线头长度约为缝合部分的3倍

口鼻部（混合茶色）

行数	针数	
4	20	（+2针）
3	18	（+6针）
2	12	（+6针）
1	6	

圆环

2cm
塞入同色线
3cm

打底裤（臀部） 1块

16 15 13 11 9 7 5 3 1
圆环

◀ = 断线

尾巴 1块

用于缝合的线头长度约为缝合部分的3倍

尾巴（米褐色）

行数	针数	
5	12	每行
4	10	（+2针）
3	8	
2	6	
1	6	

圆环

起立针的位置
塞入同色线
5cm
2.5cm

上嘴唇（混合茶色） 1块

2cm（3行）
←3
→2
←1
钩织起点（锁针16针）起针 ※用于缝合的线头稍微留长一些。
9cm（16针）

眼睛的基底 2块

用于缝合的线头长度约为缝合部分的3倍

2 1
圆环
2cm

眼睛的基底（混合茶色）

行数	针数	
2	12	（+6针）
1	6	

塞入棉花
14cm 7.5cm（16行）
起立针置于后侧

打底裤（臀部）

行数	针数	
15～16	30	
14	30	（−2针）
12～13	32	
11	32	（−2针）
9～10	34	
8	34	（+2针）
7	32	
6	32	（+4针）
5	28	（+8针）
4	20	（+4针）
3	16	（+4针）
2	12	（+6针）
1	6	

（白色）

眼睛 毛毡（黑色、白色）各2块

毛毡（黑色）
毛毡（白色）
错位粘好
眼睛的基底织片（混合茶色）
1.5cm
2cm
实物等大图纸

拼接方法

直线绣（混合茶色）
（2行）
（5行）
（10针）
（10行）
缝好耳朵
粘好鼻子
眼睛的基底
上嘴唇（3行）
缝好
缝好衣领
缝好口鼻部
24cm

※ 直线绣参照P45。

鼻子 毛毡（黑色）1块

1cm 外缘
0.9cm
实物等大图纸

头部（侧面）
（后侧）（前侧）
（2行）
将上肢对折后缝好
（4针）

缝上尾巴
（后侧）
（5行）
（2行）
短裙（反面）
衣身与短裙的接缝处
塞入棉花的打底裤（臀部）
（6行）
（1行）
取深灰色线，用卷针缝合打底裤（臀部）与躯干
将下肢调整成圆形，缝好

63

自行车骑手 加布里埃尔

作品：P10

材料和用具

编织线： Diamond 毛线 Diaepoca

绿色（344）34g，金黄色（305）15g，混合深灰色（358）9g，混合红色（375）8g，混合灰色（357）6g，黑色（360）2g

针： 钩针 6/0 号

其他： 填充棉（HAMANAKA Clean Wata Wata）约 15g，颗粒棉适量，毛毡（白色）3.6cm×2cm，木工用胶水，手工用定型胶

成品尺寸： 全长 35cm

钩织方法：

1 钩织各部分，塞入棉花

先钩织躯干的头部、鼻尖、下颚、嘴巴内侧（下颚、中央、上颚），缝合嘴巴四周，然后钩织躯干的脸部、衣身。钩织臀部、上肢（手臂和袖子）、下肢（短裤和膝下）、尾巴，塞入棉花。注意嘴巴四周和头部的棉花不要塞太多。上颚、下颚的棉花塞得薄一些。衣身塞入颗粒棉。

重点 如果上颚的棉花塞得过多，嘴巴会一直保持张开的状态，需要注意。

2 拼接

用卷针缝合躯干与臀部。先用定位针暂时固定其他部分，再根据个人喜好决定具体的位置，注意整体平衡即可。在眼睛里塞入同色线，缝好固定。

3 完成

绣出眼睛和鼻孔，粘上牙齿。

Dos 背面

Face 正面

Profil 侧面

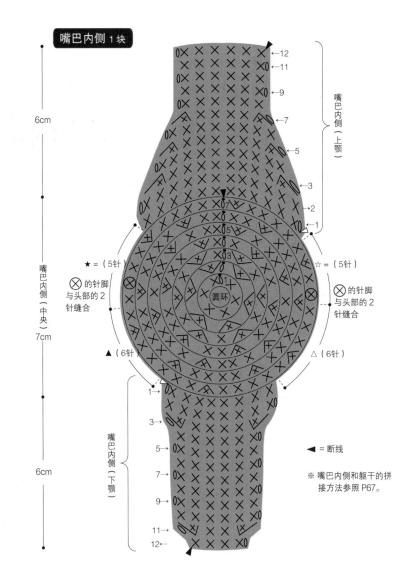

嘴巴内侧1块

6cm

嘴巴内侧（上颚）

嘴巴内侧（中央）7cm

★ =（5针）

☆ =（5针）

⊗ 的针脚与头部的2针缝合

⊗ 的针脚与头部的2针缝合

圆环

▲ =（6针）

△ =（6针）

嘴巴内侧（下颚）6cm

◄ = 断线

※ 嘴巴内侧和躯干的拼接方法参照P67。

嘴巴内侧（下颚）

行数	针数	
12	4	
11	4	（−2针）
4~10	6	
3	6	（−2针）
2	8	
1	8	

（混合红色）

※ 嘴巴内侧（下颚）从嘴巴内侧（中央）挑8针。

嘴巴内侧（中央）

行数	针数	
7	42	
6	36	
5	30	每行（+6针）
4	24	
3	18	
2	12	
1	6	

（混合红色）

嘴巴内侧（上颚）

行数	针数	
8~12	6	
7	6	（−2针）
6	8	
5	8	（−2针）
4	10	
3	10	（−2针）
2	12	
1	12	

（混合红色）

※ 嘴巴内侧（上颚）从嘴巴内侧（中央）挑12针。

牙齿 毛毡（白色）6块

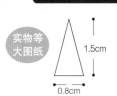

实物等大图纸

1.5cm

0.8cm

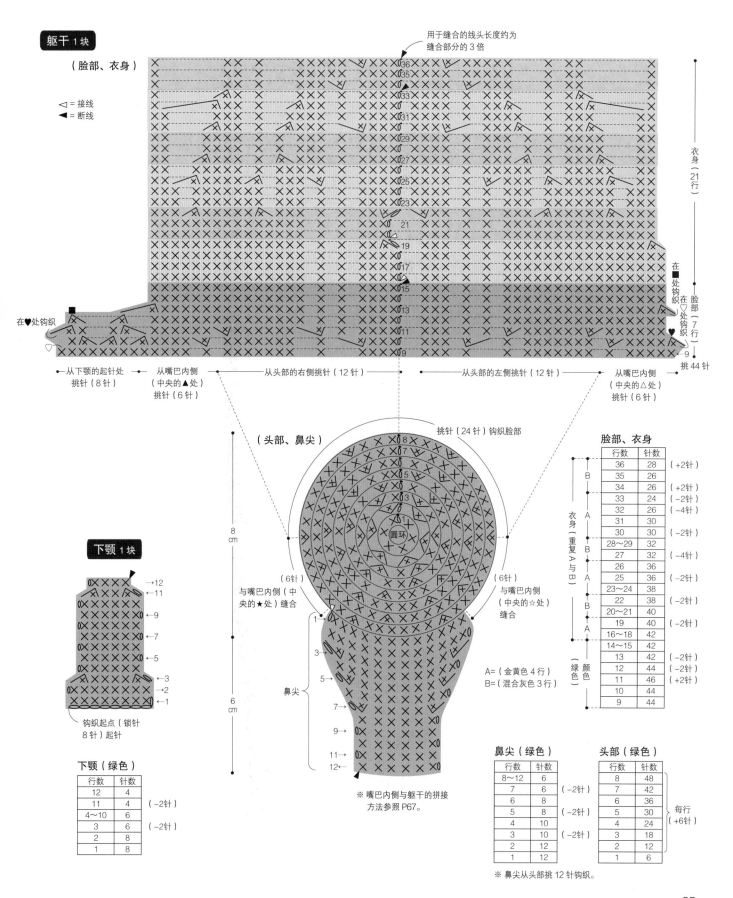

躯干 1块

（脸部、衣身）

◁ = 接线
◀ = 断线

用于缝合的线头长度约为缝合部分的3倍

衣身（21行）
在♥处钩织 在♡处钩织
脸部（7行）
挑44针

在♥处钩织
在■处钩织

从下颚的起针处挑针（8针）
从嘴巴内侧（中央的▲处）挑针（6针）
从头部的右侧挑针（12针）
从头部的左侧挑针（12针）
从嘴巴内侧（中央的△处）挑针（6针）

下颚 1块

钩织起点（锁针8针）起针

下颚（绿色）

行数	针数	
12	4	
11	4	（-2针）
4~10	6	
3	6	（-2针）
2	8	
1	8	

（头部、鼻尖）

挑针（24针）钩织脸部

（6针）
与嘴巴内侧（中央的★处）缝合

（6针）
与嘴巴内侧（中央的☆处）缝合

圆环

鼻尖

A=（金黄色4行）
B=（混合灰色3行）

※嘴巴内侧与躯干的拼接方法参照P67。

8cm　6cm

脸部、衣身

行数	针数	
36	28	（+2针）
35	26	
34	26	（+2针）
33	24	（-2针）
32	26	（-4针）
31	30	
30	30	（-2针）
28~29	32	
27	32	（-4针）
26	36	
25	36	（-2针）
23~24	38	
22	38	（-2针）
20~21	40	
19	40	（-2针）
16~18	42	
14~15	42	
13	42	（-2针）
12	44	（-2针）
11	46	（+2针）
10	44	
9	44	

衣身（重复A与B）
绿色 颜色

鼻尖（绿色）

行数	针数	
8~12	6	
7	6	（-2针）
6	8	
5	8	（-2针）
4	10	
3	10	（-2针）
2	12	
1	12	

头部（绿色）

行数	针数	
8	48	
7	42	
6	36	
5	30	每行
4	24	（+6针）
3	18	
2	12	
1	6	

※鼻尖从头部挑12针钩织。

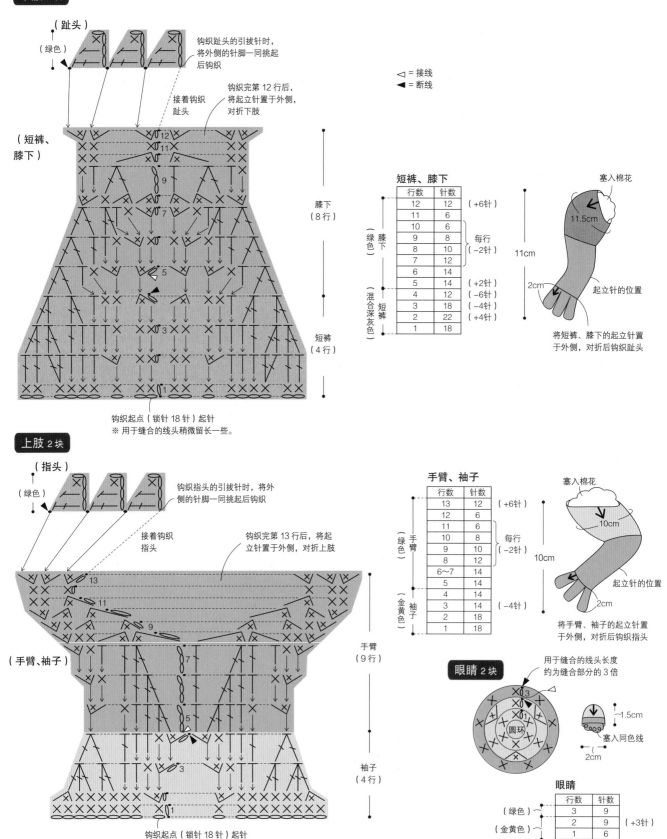

下肢 2 块

（趾头）

（绿色）

◀

钩织趾头的引拔针时，将外侧的针脚一同挑起后钩织

接着钩织趾头

钩织完第 12 行后，将起立针置于外侧，对折下肢

（短裤、膝下）

膝下（8 行）

短裤（4 行）

钩织起点（锁针 18 针）起针
※ 用于缝合的线头稍微留长一些。

△ = 接线
◀ = 断线

短裤、膝下

	行数	针数	
绿色 膝下	12	12	（+6针）
	11	6	
	10	6	
	9	8	每行（−2针）
	8	10	
	7	12	
	6	14	
混合深灰色 短裤	5	14	（+2针）
	4	12	（−6针）
	3	18	（−4针）
	2	22	（+4针）
	1	18	

塞入棉花

11.5cm

11cm

2cm

起立针的位置

将短裤、膝下的起立针置于外侧，对折后钩织趾头

上肢 2 块

（指头）

（绿色）

钩织指头的引拔针时，将外侧的针脚一同挑起后钩织

接着钩织指头

钩织完第 13 行后，将起立针置于外侧，对折上肢

（手臂、袖子）

手臂（9 行）

袖子（4 行）

钩织起点（锁针 18 针）起针
※ 用于缝合的线头稍微留长一些。

手臂、袖子

	行数	针数	
绿色 手臂	13	12	（+6针）
	12	6	
	11	6	每行（−2针）
	10	8	
	9	10	
	8	12	
	6~7	14	
	5	14	
金黄色 袖子	4	14	
	3	14	（−4针）
	2	18	
	1	18	

塞入棉花

10cm

10cm

2cm

起立针的位置

将手臂、袖子的起立针置于外侧，对折后钩织指头

眼睛 2 块

用于缝合的线头长度约为缝合部分的 3 倍

圆环

1.5cm

塞入同色线

2cm

眼睛

	行数	针数	
绿色	3	9	
金黄色	2	9	（+3针）
	1	6	

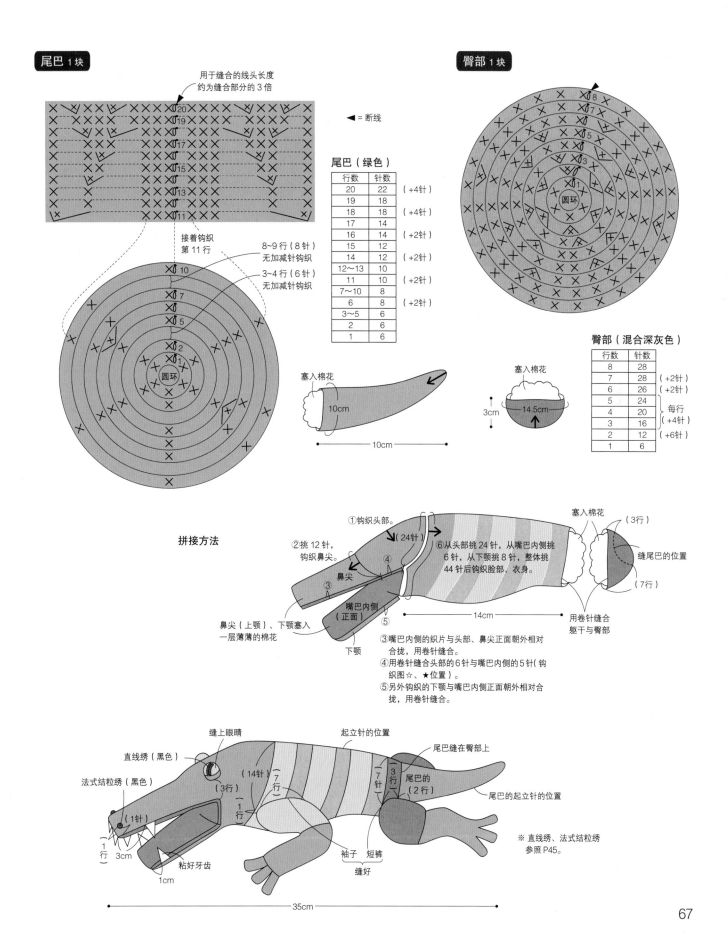

尾巴 1块

用于缝合的线头长度约为缝合部分的3倍

◀ = 断线

接着钩织第11行

8~9行（8针）无加减针钩织

3~4行（6针）无加减针钩织

圆环

尾巴（绿色）

行数	针数	
20	22	（+4针）
19	18	
18	18	（+4针）
17	14	
16	14	（+2针）
15	12	
14	12	（+2针）
12~13	10	
11	10	（+2针）
7~10	8	
6	8	（+2针）
3~5	6	
2	6	
1	6	

塞入棉花
10cm
10cm

臀部 1块

圆环

塞入棉花
3cm
14.5cm

臀部（混合深灰色）

行数	针数	
8	28	
7	28	（+2针）
6	26	（+2针）
5	24	每行
4	20	
3	16	（+4针）
2	12	（+6针）
1	6	

拼接方法

①钩织头部。

②挑12针，钩织鼻尖。

鼻尖

鼻尖（上颚）、下颚塞入一层薄薄的棉花

嘴巴内侧（正面）

下颚

③④⑤

（24针）

⑥从头部挑24针，从嘴巴内侧挑6针，从下颚挑8针，整体挑44针后钩织脸部、衣身。

③嘴巴内侧的织片与头部、鼻尖正面朝外相对合拢，用卷针缝合。
④用卷针缝合头部的6针与嘴巴内侧的5针（钩织图☆、★位置）。
⑤另外钩织的下颚与嘴巴内侧正面朝外相对合拢，用卷针缝合。

塞入棉花
（3行）
缝尾巴的位置
（7行）
14cm
用卷针缝合躯干与臀部

缝上眼睛
直线绣（黑色）
法式结粒绣（黑色）
起立针的位置
尾巴缝在臀部上
尾巴缝在臀部上
（14针）
（7行）
（7针）
（3行）
尾巴的（2行）
尾巴的起立针的位置
（1行）
（1针）
（1行）
1行
3cm
粘好牙齿
1cm
袖子
短裤
缝好
35cm

※ 直线绣、法式结粒绣参照 P45。

狗巡警 马塞尔

作品：P12

材料和用具

编织线： RichMore Spectre Modem

藏蓝色（45）45g，红棕色（54）30g，白色（1）11g，炭黑色（55）9g，米黄色（11）1g，红色（32）1g

针： 钩针 6/0 号

其他： 填充棉（HAMANAKA Clean Wata Wata）约30g，颗粒棉适量，毛毡（浅黄色和焦茶色）各3.2cm×1.6cm、（浅红色）2cm×2.5cm，木工用胶水，手工用定型胶

成品尺寸： 全长33cm

钩织方法：

1 钩织各部分，塞入棉花

钩织躯干（头部、衣身、下摆），在衣身以上的部分塞入棉花。钩织上肢（手和袖子）、下肢（靴子和裤子）、尾巴、口鼻部、臀部，塞入棉花。

2 拼接

用卷针缝合躯干与臀部。先用定位针将上肢（手和袖子）、下肢（靴子和裤子）、尾巴、口鼻部、耳朵暂时固定在躯干上，再根据个人的喜好决定具体的位置，注意整体平衡即可。

3 完成

粘上眼睛和舌头，在上衣和帽子上刺绣。缝上腰带和帽子，注意整体平衡。

Face
正面

Dos
背面

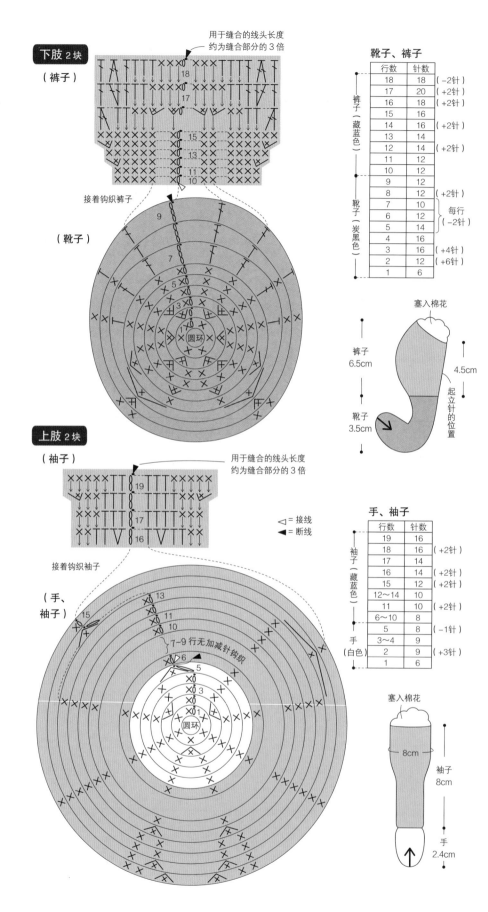

下肢 2块
（裤子）

用于缝合的线头长度约为缝合部分的3倍

接着钩织裤子

（靴子）

圆环

上肢 2块
（袖子）

用于缝合的线头长度约为缝合部分的3倍

接着钩织袖子

◁ = 接线
◀ = 断线

（手、袖子）

7~9 行无加减针钩织

圆环

靴子、裤子

行数	针数	
18	18	（-2针）
17	20	（+2针）
16	18	（+2针）
15	16	
14	16	（+2针）
13	14	
12	14	（+2针）
11	12	
10	12	
9	12	
8	12	（+2针）
7	10	每行
6	12	（-2针）
5	14	
4	16	
3	16	（+4针）
2	12	（+6针）
1	6	

裤子（藏蓝色）：18~8行
靴子（炭黑色）：7~1行

手、袖子

行数	针数	
19	16	
18	16	（+2针）
17	14	
16	14	（+2针）
15	12	（+2针）
12~14	10	
11	10	（+2针）
6~10	8	
5	8	（-1针）
3~4	9	
2	9	（+3针）
1	6	

袖子（藏蓝色）：19~5行
手（白色）：4~1行

塞入棉花

裤子 6.5cm

靴子 3.5cm

4.5cm 起立针的位置

塞入棉花

8cm

袖子 8cm

手 2.4cm

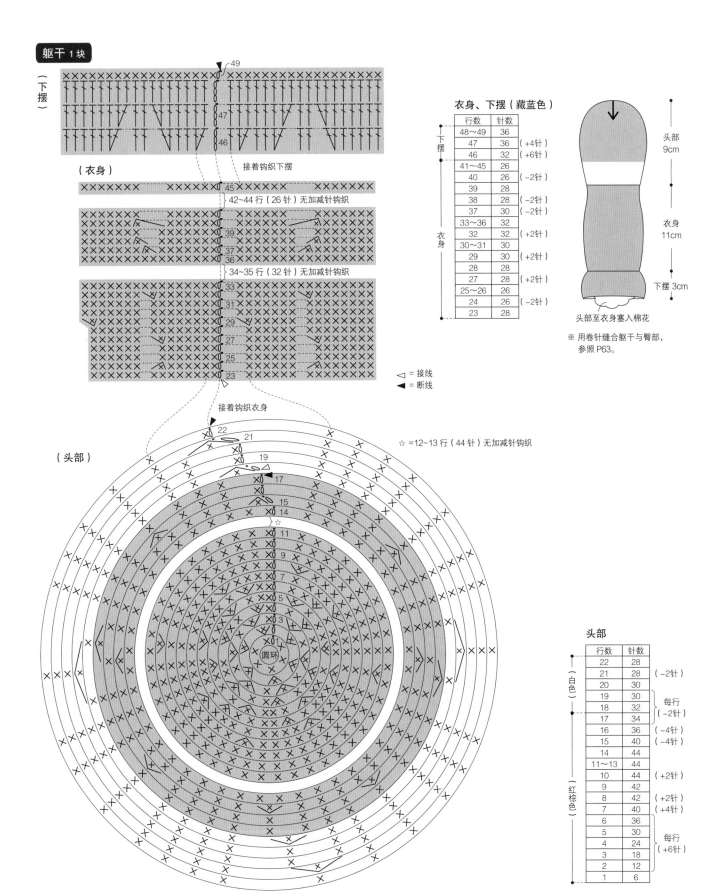

躯干 1块

（下摆）

49

接着钩织下摆

（衣身）

45

42~44 行（26针）无加减针钩织

34~35 行（32针）无加减针钩织

接着钩织衣身

◁ = 接线
◀ = 断线

（头部）

圆环

☆ =12~13 行（44针）无加减针钩织

衣身、下摆（藏蓝色）

行数	针数	
48~49	36	
47	36	（+4针）
46	32	（+6针）
41~45	26	
40	26	（-2针）
39	28	
38	28	（-2针）
37	30	（-2针）
33~36	32	
32	32	（+2针）
30~31	30	
29	30	（+2针）
28	28	
27	28	（+2针）
25~26	26	
24	26	（-2针）
23	28	

头部 9cm
衣身 11cm
下摆 3cm

头部至衣身塞入棉花

※ 用卷针缝合躯干与臀部，参照 P63。

头部

行数	针数	
22	28	
21	28	（-2针）
20	30	
19	30	每行
18	32	（-2针）
17	34	
16	36	（-4针）
15	40	（-4针）
14	44	
11~13	44	
10	44	（+2针）
9	42	
8	42	（+2针）
7	40	（+4针）
6	36	
5	30	
4	24	每行
3	18	（+6针）
2	12	
1	6	

臀部 1块

用于缝合的线头长度约为缝合部分的3倍

塞入棉花

14cm

3cm

起立针置于后侧

臀部（藏蓝色）

行数	针数	
6	26	
5	26	(+6针)
4	20	(+4针)
3	16	(+4针)
2	12	(+6针)
1	6	

口鼻部 1块

用于缝合的线头长度约为缝合部分的3倍

口鼻部

	行数	针数	
	8	24	(−4针)
	7	28	
（白色）	6	28	(+4针)
	5	24	(+6针)
	4	18	(+6针)
（炭黑色）	3	12	
	2	12	(+6针)
	1	6	

塞入棉花

15cm

5cm

起立针朝下

◁ = 接线
◀ = 断线

耳朵 2块

用于缝合的线头长度约为缝合部分的3倍

15cm

10.5cm

起立针置于后侧，对折耳朵

耳朵（红棕色）

行数	针数	
10	20	(−5针)
9	25	(−5针)
8	30	
7	30	(+5针)
6	25	(+5针)
5	20	(+4针)
4	16	(+4针)
3	12	(+3针)
2	9	(+3针)
1	6	

尾巴 1块

用于缝合的线头长度约为缝合部分的3倍

接着钩织第7行

塞入棉花

7cm

起立针置于后侧

尾巴

	行数	针数	
（红棕色）	11~12	8	
	10	8	(+2针)
（白色）	7~9	6	
	2~6	6	
	1	6	

70

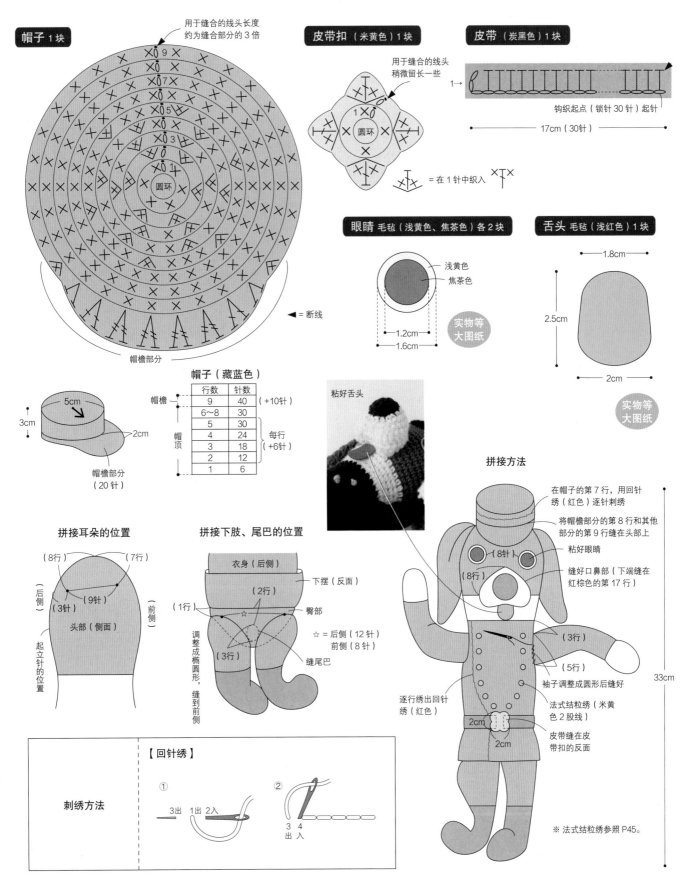

著名女演员 伊冯娜小姐

作品: P14

材料和用具

编织线: HAMANAKA 手工线 Amerry

象牙白（21）36g，黑色（24）14g，粉色（27）7g，混合灰色（30）4g

针: 钩针 5/0 号

其他: 填充棉（HAMANAKA Clean Wata Wata）约 10g，毛毡（浅蓝色、黑色）各 5cm×1.8cm，铝丝 20cm，木工用胶水，手工用定型胶，尖嘴钳

成品尺寸: 全长 35cm

钩织方法:

1 钩织各部分，塞入棉花

钩织各部分。制作躯干时，先将头部的顶端置于平整的地方，比如桌面，然后塞入大量棉花后压平。再在上肢（至手套处）、下肢（至靴子处）、臀部的顶端塞入大量棉花，上肢（上臂）、下肢（大腿）、胸部、躯干（胸部周围至束腰衣）部分的棉花要塞得松软一些。尾巴中塞入两端拧成圆形的铝丝。

2 拼接

用卷针缝合躯干与臀部，再缝好上肢（手套和上臂）、下肢（靴子和大腿）、胸部、尾巴。先用定位针暂时固定脸部和耳朵，再根据个人喜好决定具体的位置，注意整体平衡即可。

3 完成

眼睛粘在脸部，绣出鼻尖和嘴巴。在束腰衣上刺绣，线头打蝴蝶结，两端涂手工用定型胶固定。

Face 正面　Dos 背面

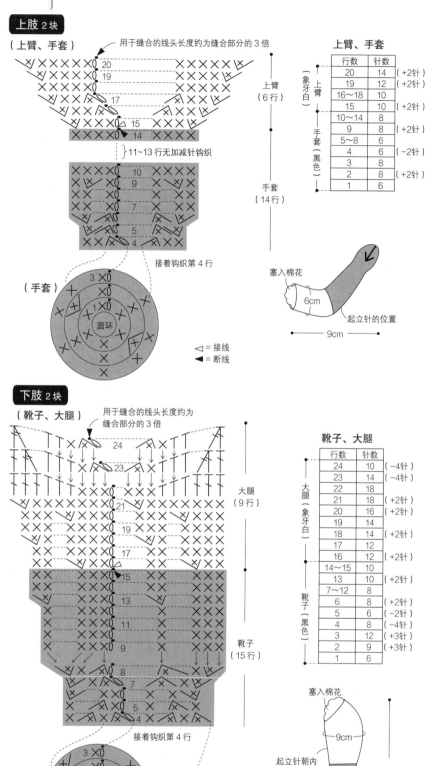

上肢 2块

（上臂、手套）

用于缝合的线头长度约为缝合部分的 3 倍

上臂（6行）

11~13 行无加减针钩织

手套（14行）

接着钩织第 4 行

（手套）

圆环

◁ = 接线
◀ = 断线

塞入棉花

6cm

起立针的位置

9cm

上臂、手套

行数	针数	
20	14	(+2针)
19	12	(+2针)
16~18	10	
15	10	(+2针)
10~14	8	
9	8	(+2针)
5~8	6	
4	6	(-2针)
3	8	
2	8	(+2针)
1	6	

下肢 2块

（靴子、大腿）

用于缝合的线头长度约为缝合部分的 3 倍

大腿（9行）

靴子（15行）

接着钩织第 4 行

（靴子）

圆环

靴子、大腿

行数	针数	
24	10	(-4针)
23	14	(-4针)
22	18	
21	18	(+2针)
20	16	(+2针)
19	14	
18	14	(+2针)
17	12	
16	12	(+2针)
14~15	10	
13	10	(+2针)
7~12	8	
6	8	(+2针)
5	6	(-2针)
4	8	(-4针)
3	12	(+3针)
2	9	(+3针)
1	6	

塞入棉花

9cm

起立针朝内

12.5cm

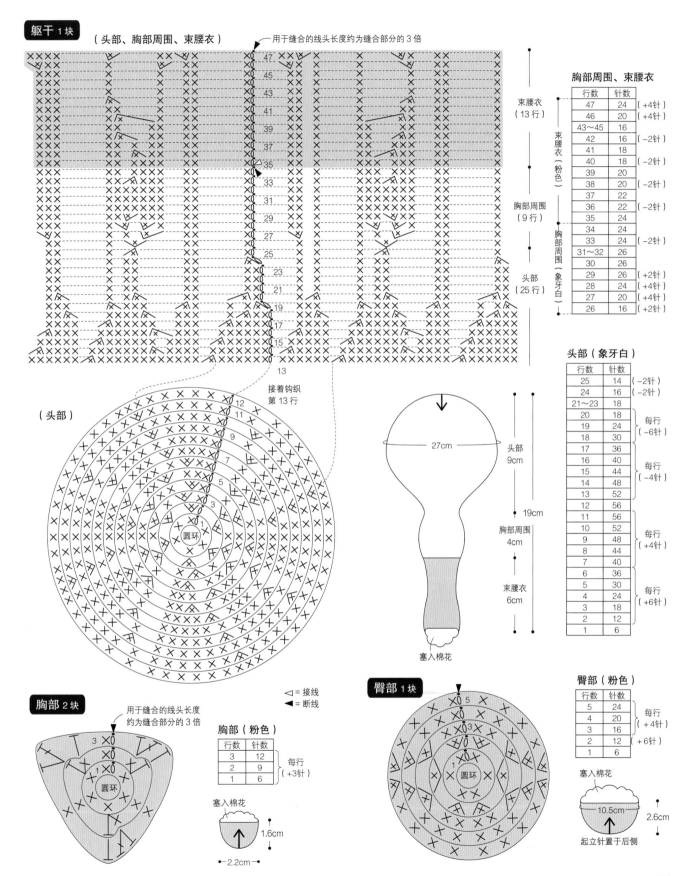

躯干 1块 （头部、胸部周围、束腰衣）

用于缝合的线头长度约为缝合部分的3倍

接着钩织 第13行

（头部）

圆环

束腰衣（13行）

胸部周围（9行）

头部（25行）

◁ = 接线
◀ = 断线

胸部 2块

用于缝合的线头长度约为缝合部分的3倍

圆环

塞入棉花
1.6cm
←2.2cm→

臀部 1块

圆环

塞入棉花
10.5cm
2.6cm
起立针置于后侧

头部 9cm
27cm
19cm
胸部周围 4cm
束腰衣 6cm
塞入棉花

胸部周围、束腰衣

行数	针数	
47	24	（+4针）
46	20	（+4针）
43~45	16	
42	16	（-2针）
41	18	
40	18	（-2针）
39	20	
38	20	（-2针）
37	22	
36	22	（-2针）
35	24	
34	24	
33	24	（-2针）
31~32	26	
30	26	
29	26	（+2针）
28	24	（+4针）
27	20	（+4针）
26	16	（+2针）

束腰衣（粉色）（行数 47～33），胸部周围（象牙白）（行数 35～26）

头部（象牙白）

行数	针数	
25	14	（-2针）
24	16	（-2针）
21~23	18	
20	18	每行（-6针）
19	24	
18	30	
17	36	每行（-4针）
16	40	
15	44	
14	48	
13	52	
12	56	
11	56	
10	52	每行（+4针）
9	48	
8	44	
7	40	
6	36	每行（+6针）
5	30	
4	24	
3	18	
2	12	
1	6	

胸部（粉色）

行数	针数	
3	12	每行（+3针）
2	9	
1	6	

臀部（粉色）

行数	针数	
5	24	每行（+4针）
4	20	
3	16	
2	12	（+6针）
1	6	

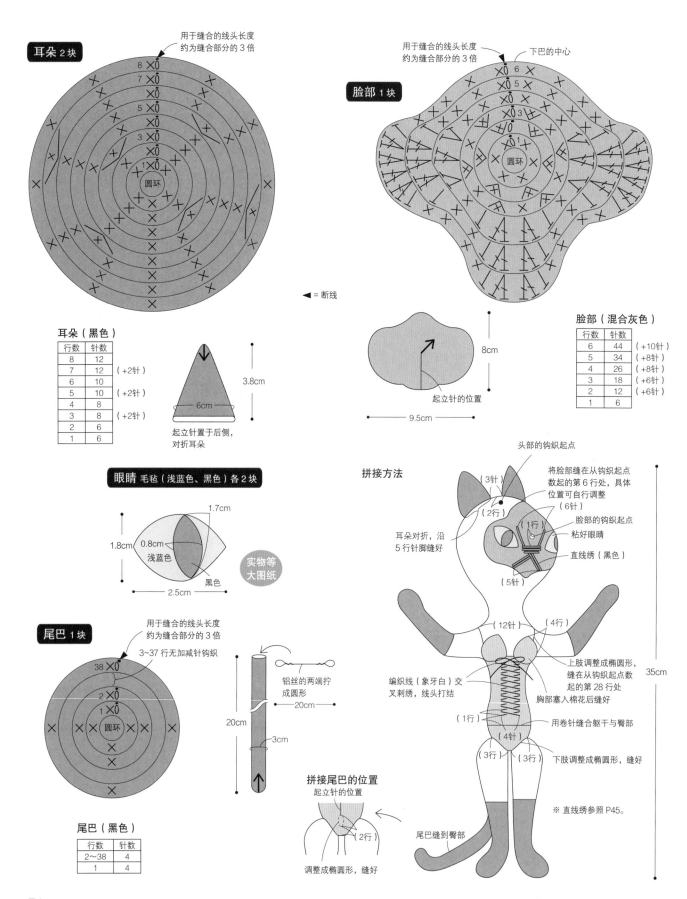

耳朵 2块

用于缝合的线头长度约为缝合部分的3倍

圆环

◄ = 断线

脸部 1块

用于缝合的线头长度约为缝合部分的3倍

下巴的中心

圆环

耳朵（黑色）

行数	针数	
8	12	
7	12	（+2针）
6	10	
5	10	（+2针）
4	8	
3	8	（+2针）
2	6	
1	6	

起立针置于后侧，对折耳朵

3.8cm

6cm

起立针的位置

8cm

9.5cm

脸部（混合灰色）

行数	针数	
6	44	（+10针）
5	34	（+8针）
4	26	（+8针）
3	18	（+6针）
2	12	（+6针）
1	6	

眼睛 毛毡（浅蓝色、黑色）各2块

1.7cm

1.8cm

0.8cm

浅蓝色

黑色

2.5cm

实物等大图纸

尾巴 1块

用于缝合的线头长度约为缝合部分的3倍

3~37行无加减针钩织

圆环

铝丝的两端拧成圆形

20cm

20cm

3cm

拼接尾巴的位置

起立针的位置

（2行）

调整成椭圆形，缝好

尾巴（黑色）

行数	针数
2~38	4
1	4

拼接方法

头部的钩织起点

（3针）

（2行）

将脸部缝在从钩织起点数起的第6行处，具体位置可自行调整

（6针）

（1行）

脸部的钩织起点

粘好眼睛

直线绣（黑色）

耳朵对折，沿5行针脚缝好

（5针）

（12针）

（4行）

上肢调整成椭圆形，缝在从钩织起点数起的第28行处

胸部塞入棉花后缝好

编织线（象牙白）交叉刺绣，线头打结

（1行）

（4针）

用卷针缝合躯干与臀部

（3行）（3行）

下肢调整成椭圆形，缝好

※直线绣参照P45。

尾巴缝到臀部

35cm

青蛙船员 米迦勒

作品：P16

材料和用具

编织线：RichMore Percent

藏蓝色（28）15g、草绿色（13）10g、白色（1）5g、暗蓝色（44）3g、深粉色（75）2g、黑色（90）1g

针：钩针 4/0 号

其他：颗粒棉约 10g，木工用胶水，手工用定型胶

小配件用：毛毡（红色、白色）各 8cm×5cm，轻质木材直径 4mm×长 8cm，裁纸刀

成品尺寸：全长 22cm

钩织方法：

1 钩织各部分，塞入棉花

钩织各部分，分别塞入颗粒棉。

2 拼接

用卷针缝合躯干（头部、衣身）与臀部。上肢和下肢容易拧扭，考虑好手肘和膝盖的角度后先用定位针暂时固定，再分别用同色线缝好。

3 完成

先用定位针暂时固定眼睛、帽子和水手服的衣领，再根据个人喜好决定具体的位置。制作绒球、信号旗，缝在帽子和手掌上。

正面 *Face*

背面 *Dos*

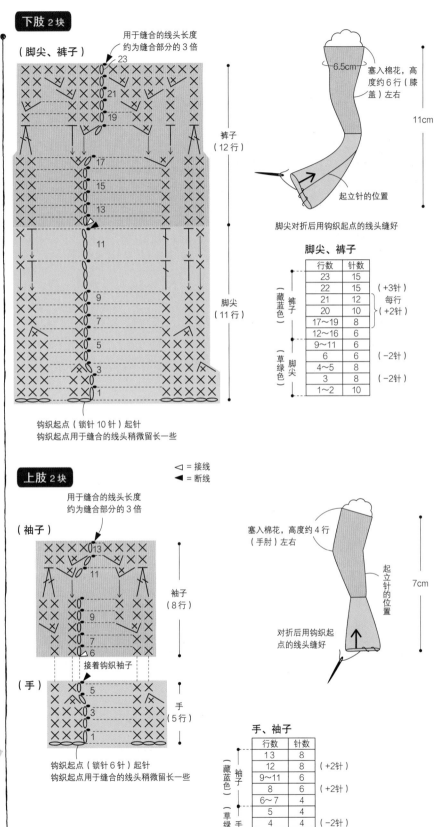

下肢 2 块

（脚尖、裤子）

用于缝合的线头长度约为缝合部分的 3 倍

钩织起点（锁针 10 针）起针
钩织起点用于缝合的线头稍微留长一些

◁ = 接线 ◀ = 断线

塞入棉花，高度约 6 行（膝盖）左右

6.5cm

11cm

脚尖对折后用钩织起点的线头缝好

起立针的位置

脚尖、裤子

	行数	针数	
（藏蓝色）	23	15	
	22	15	（+3针）
	21	12	每行
	20	10	（+2针）
	17~19	8	
	12~16	6	
（草绿色）	9~11	6	
	6	6	（−2针）
	4~5	8	
	3	8	（−2针）
	1~2	10	

裤子（12 行）

脚尖（11 行）

上肢 2 块

（袖子）

用于缝合的线头长度约为缝合部分的 3 倍

接着钩织袖子

（手）

钩织起点（锁针 6 针）起针
钩织起点用于缝合的线头稍微留长一些

袖子（8 行）

手（5 行）

塞入棉花，高度约 4 行（手肘）左右

对折后用钩织起点的线头缝好

起立针的位置

7cm

手、袖子

	行数	针数	
（藏蓝色）	13	8	
	12	8	（+2针）
	9~11	6	
	8	6	（+2针）
	6~7	4	
（草绿色）	5	4	
	4	4	（−2针）
	1~3	6	

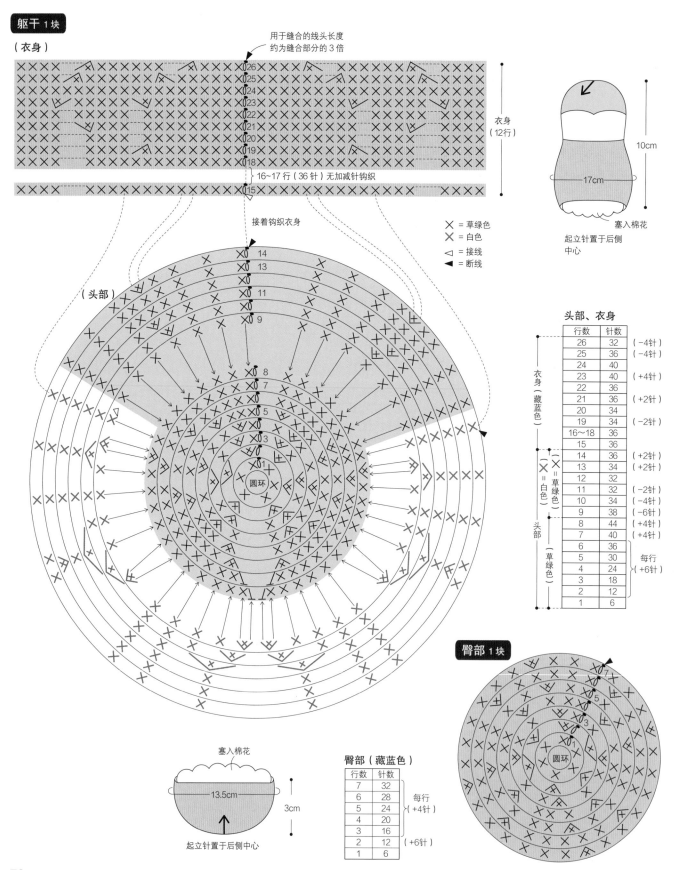

躯干 1块

（衣身）

用于缝合的线头长度
约为缝合部分的3倍

0 26
0 25
0 24
0 23
0 22
0 21
0 20
0 19
0 18
0 15

衣身
（12行）

16~17 行（36针）无加减针钩织

接着钩织衣身

× = 草绿色
× = 白色
◁ = 接线
◀ = 断线

10cm

17cm

塞入棉花

起立针置于后侧
中心

（头部）

0 14
0 13
0 11
0 9
0 8
0 7
0 5
0 3
0 1
圆环

头部、衣身

行数	针数	
26	32	（−4针）
25	36	（−4针）
24	40	
23	40	（+4针）
22	36	
21	36	（+2针）
20	34	
19	34	（−2针）
16~18	36	
15	36	
14	36	（+2针）
13	34	（+2针）
12	32	
11	32	（−2针）
10	34	（−4针）
9	38	（−6针）
8	44	（+4针）
7	40	（+4针）
6	36	
5	30	每行
4	24	（+6针）
3	18	
2	12	
1	6	

衣身（藏蓝色）
（×＝白色）
（×＝草绿色）
头部
（草绿色）

臀部 1块

0 7
0 5
0 3
0 1
圆环

塞入棉花

13.5cm

3cm

起立针置于后侧中心

臀部（藏蓝色）

行数	针数	
7	32	
6	28	每行
5	24	（+4针）
4	20	
3	16	
2	12	（+6针）
1	6	

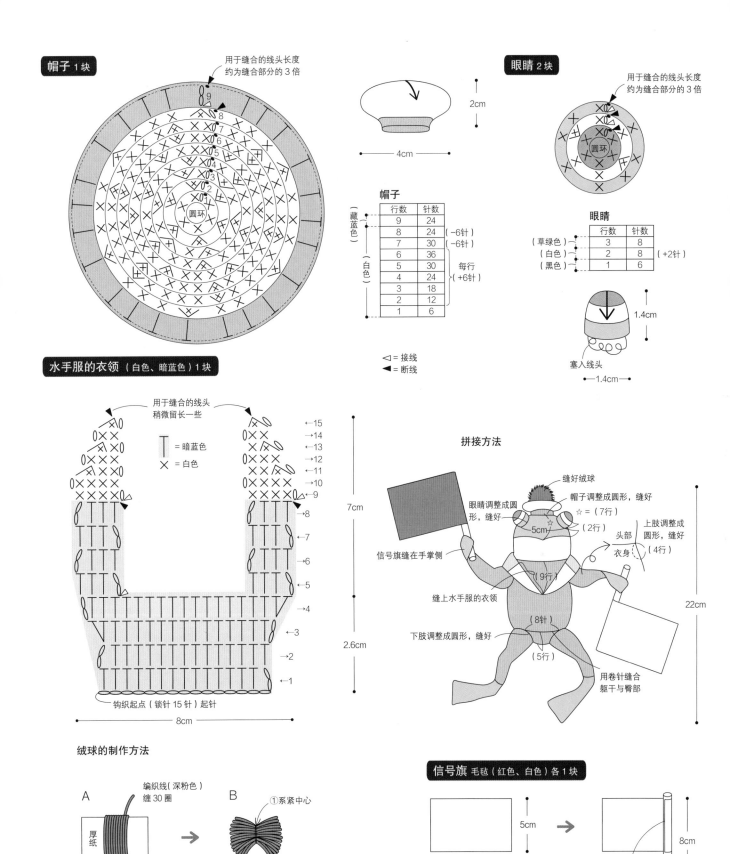

帽子 1块

用于缝合的线头长度约为缝合部分的3倍

9 8 7 6 5 4 3 2 1

圆环

眼睛 2块

用于缝合的线头长度约为缝合部分的3倍

圆环

2cm
4cm

1.4cm

塞入线头

←1.4cm→

水手服的衣领（白色、暗蓝色）1块

用于缝合的线头稍微留长一些

= 暗蓝色
× = 白色

←15
→14
←13
→12
←11
→10
←9
←8
→7
→6
←5
→4
←3
→2
←1

钩织起点（锁针15针）起针

7cm
2.6cm
8cm

帽子

行数	针数	
9	24	
8	24	（-6针）
7	30	（-6针）
6	36	
5	30	每行
4	24	（+6针）
3	18	
2	12	
1	6	

（藏蓝色）（白色）

眼睛

行数	针数	
3	8	
2	8	（+2针）
1	6	

（草绿色）（白色）（黑色）

◁ = 接线
◀ = 断线

拼接方法

缝好绒球
帽子调整成圆形，缝好
☆ =（7行）
眼睛调整成圆形，缝好
（2行）
5cm
上肢调整成圆形，缝好
（4行）
头部
衣身
信号旗缝在手掌侧
（9行）
缝上水手服的衣领
（8针）
下肢调整成圆形，缝好
（5行）
用卷针缝合躯干与臀部
22cm

绒球的制作方法

A
编织线（深粉色）缠30圈
厚纸
从厚纸上取下线束

B
①系紧中心
②剪开线圈，修剪成球形（直径约1.8cm）

信号旗 毛毡（红色、白色）各1块

5cm
8cm
用胶水贴在轻质木材上
8cm

洗衣女 玛格丽特

作品：P20

材料和用具

编织线：Diamond 毛线 Diaepoca
混合红色（375）30g，浅茶色（352）
17g，焦茶色（350）10g，白色（301）
8g，茶色（351）8g

针：钩针 5/0 号

其他：填充棉（HAMANAKA Clean Wata Wata）
约 30g，毛毡（黄绿色、焦茶色）各
3cm×1.5cm，木工用胶水，手工用定型胶
小配件用：轻质木材 6cm×10cm× 厚
5mm，丙烯颜料（焦茶色），裁纸刀，笔

成品尺寸：全长 28cm

钩织方法：

1 钩织各部分，塞入棉花
钩织各部分，躯干部分的棉花要塞得柔软
一些，剩余的衣身部分要塞入大量棉花。
上肢的手部和下肢的靴子顶端要塞入大量
棉花。其他部分参照图示，按需塞入棉花
即可。

2 拼接
用卷针缝合躯干与臀部。缝好上肢（手和
袖子）、下肢（靴子和打底裤）、尾巴、
蝴蝶结领结。先用定位针暂时固定脸部的
各部分，再按个人喜好决定具体的位置，
注意整体平衡即可。

3 完成
眼睛粘在脸部上，绣出嘴巴。围裙缠在腰
间，绳带在背后打结。用轻质木材制作洗
衣板，缝在手上。

Face 正面

Dos 背面

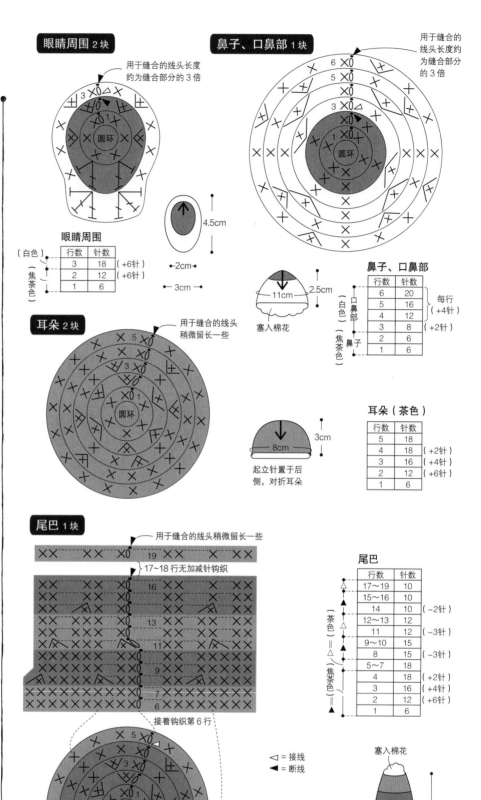

眼睛周围 2块

用于缝合的线头长度
约为缝合部分的 3 倍

眼睛周围

（白色）（焦茶色）	行数	针数	
	3	18	(+6针)
	2	12	(+6针)
	1	6	

4.5cm
2cm
3cm

耳朵 2块

用于缝合的线头
稍微留长一些

塞入棉花

8cm
3cm
起立针置于后
侧，对折耳朵

鼻子、口鼻部 1块

用于缝合的
线头长度约
为缝合部分
的 3 倍

鼻子、口鼻部

（口鼻部）（白色）（鼻子）（焦茶色）	行数	针数	
	6	20	每行
	5	16	
	4	12	(+4针)
	3	8	(+2针)
	2	6	
	1	6	

11cm
2.5cm

耳朵（茶色）

行数	针数	
5	18	
4	18	(+2针)
3	16	(+4针)
2	12	(+6针)
1	6	

尾巴 1块

用于缝合的线头稍微留长一些

17~18 行无加减针钩织

接着钩织第 6 行

△ = 接线
◀ = 断线

尾巴

（茶色）（焦茶色）	行数	针数	
	17~19	10	
	15~16	10	
	14	10	(−2针)
	12~13	12	
	11	12	(−3针)
	9~10	15	
	8	15	(−3针)
	5~7	18	
	4	18	(+2针)
	3	16	(+4针)
	2	12	(+6针)
	1	6	

塞入棉花

11cm
10cm

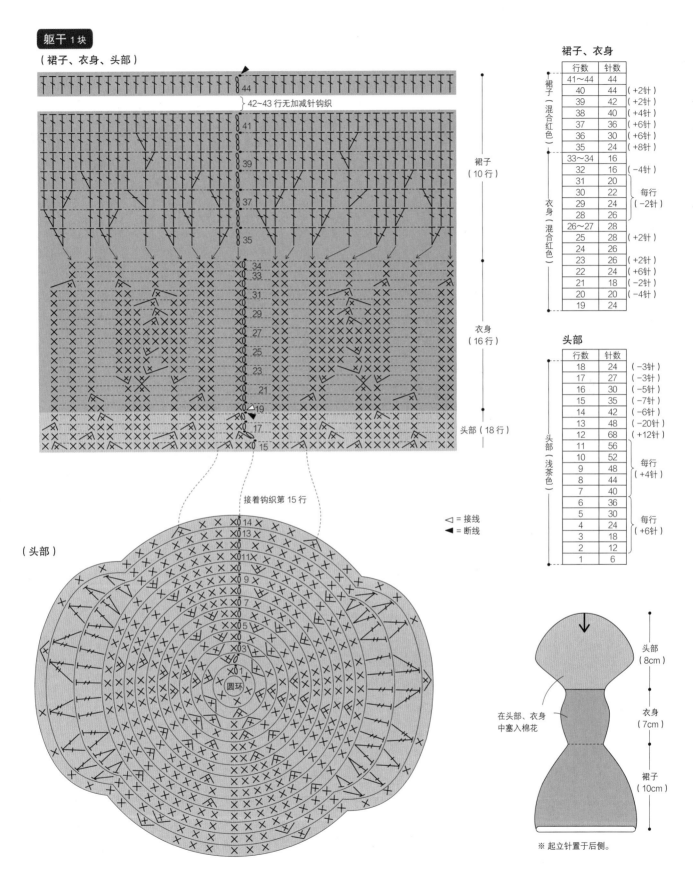

躯干 1块

（裙子、衣身、头部）

42~43 行无加减针钩织

裙子（10 行）

衣身（16 行）

头部（18 行）

接着钩织第 15 行

（头部）

圆环

接着钩织第 15 行

▷ = 接线
◀ = 断线

裙子、衣身

	行数	针数	
裙子（混合红色）	41~44	44	
	40	44	（+2针）
	39	42	（+2针）
	38	40	（+4针）
	37	36	（+6针）
	36	30	（+6针）
	35	24	（+8针）
衣身（混合红色）	33~34	16	
	32	16	（−4针）
	31	20	每行
	30	22	（−2针）
	29	24	
	28	26	
	26~27	28	
	25	28	（+2针）
	24	26	
	23	26	（+2针）
	22	24	（+6针）
	21	18	（−2针）
	20	20	（−4针）
	19	24	

头部

	行数	针数	
头部（浅茶色）	18	24	（−3针）
	17	27	（−3针）
	16	30	（−5针）
	15	35	（−7针）
	14	42	（−6针）
	13	48	（−20针）
	12	68	（+12针）
	11	56	
	10	52	每行
	9	48	（+4针）
	8	44	
	7	40	
	6	36	
	5	30	每行
	4	24	（+6针）
	3	18	
	2	12	
	1	6	

在头部、衣身
中塞入棉花

头部（8cm）

衣身（7cm）

裙子（10cm）

※ 起立针置于后侧。

79

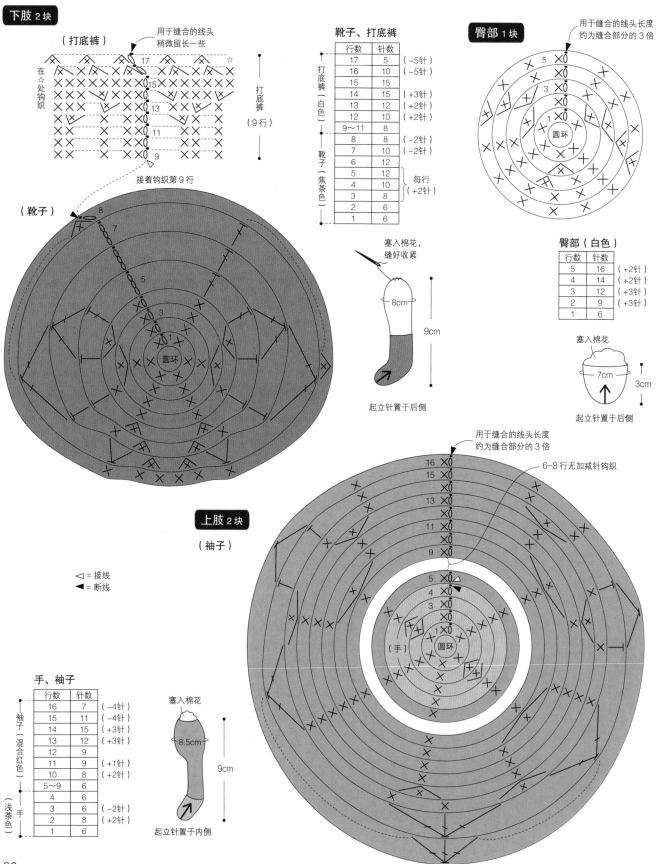

下肢 2块

（打底裤）

用于缝合的线头稍微留长一些

在☆处钩织

17
15
13
11
9

接着钩织第9行

打底裤（9行）

（靴子）

8
7
5
3
1

圆环

靴子、打底裤

行数	针数	
17	5	（−5针）
16	10	（−5针）
15	15	
14	15	（+3针）
13	12	（+2针）
12	10	（+2针）
9～11	8	
8	8	（−2针）
7	10	（−2针）
6	12	
5	12	每行
4	10	（+2针）
3	8	
2	6	
1	6	

打底裤（白色）

靴子（焦茶色）

塞入棉花，缝好收紧

8cm

9cm

起立针置于后侧

臀部 1块

用于缝合的线头长度约为缝合部分的3倍

5
3
1

圆环

臀部（白色）

行数	针数	
5	16	（+2针）
4	14	（+2针）
3	12	（+3针）
2	9	（+3针）
1	6	

塞入棉花

7cm

3cm

起立针置于后侧

上肢 2块

（袖子）

▷ = 接线
◀ = 断线

16
15
13
11
9
5
4
3
1

（手）

圆环

用于缝合的线头长度约为缝合部分的3倍

6～8 行无加减针钩织

手、袖子

行数	针数	
16	7	（−4针）
15	11	（−4针）
14	15	（+3针）
13	12	（+3针）
12	9	
11	9	（+1针）
10	8	（+2针）
5～9	6	
4	6	
3	6	（−2针）
2	8	（+2针）
1	6	

袖子（混合红色）

手（浅茶色）

塞入棉花

8.5cm

9cm

起立针置于内侧

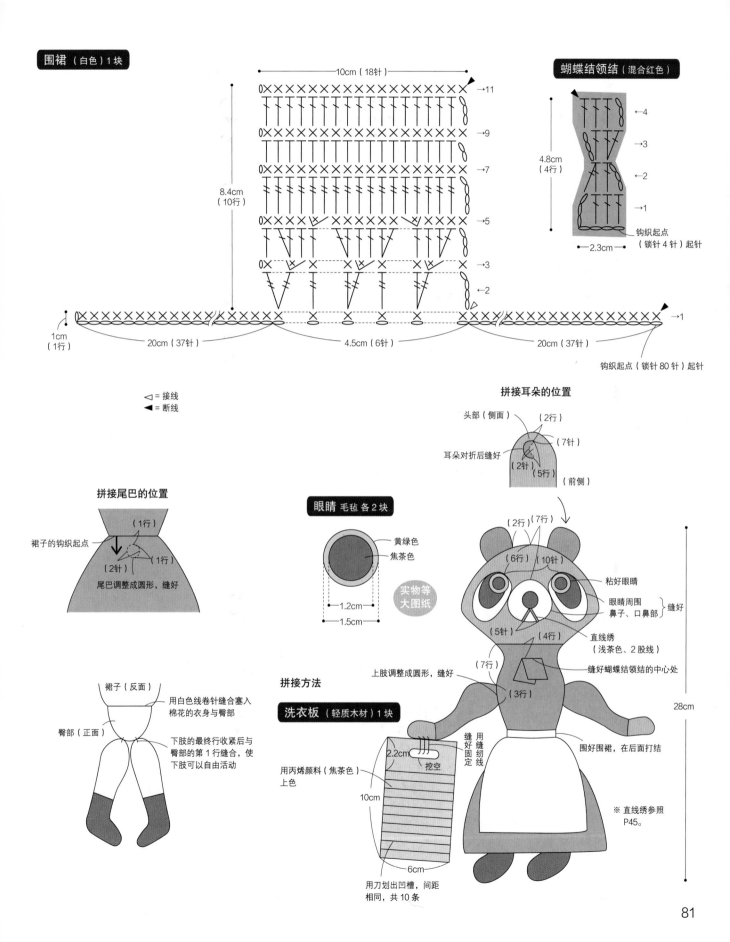

围裙（白色）1块

10cm（18针）

8.4cm（10行）

→11
→9
→7
→5
→3
←2

1cm（1行）

20cm（37针）   4.5cm（6针）   20cm（37针）

钩织起点（锁针80针）起针

→1

⊿ = 接线
◀ = 断线

蝴蝶结领结（混合红色）

4.8cm（4行）

←4
→3
←2
→1

钩织起点（锁针4针）起针

2.3cm

拼接耳朵的位置

头部（侧面）   （2行）

耳朵对折后缝好   （7针）

（2针）   （5行）   （前侧）

拼接尾巴的位置

裙子的钩织起点

（1行）

（2针）   （1行）

尾巴调整成圆形，缝好

眼睛 毛毡 各2块

黄绿色
焦茶色

1.2cm
1.5cm

实物等大图纸

裙子（反面）

用白色线卷针缝合塞入棉花的衣身与臀部

臀部（正面）

下肢的最终行收紧后与臀部的第1行缝合，使下肢可以自由活动

拼接方法

洗衣板（轻质木材）1块

2.2cm   挖空

用丙烯颜料（焦茶色）上色

10cm

6cm

用刀划出凹槽，间距相同，共10条

（2行）（7行）

（6行）（10针）

粘好眼睛

眼睛周围
鼻子、口鼻处   缝好

直线绣（浅茶色、2股线）

（5针）   （4行）

缝好蝴蝶结领结的中心处

（7行）

（3行）

上肢调整成圆形，缝好

缝好固定

用缝纫线

围好围裙，在后面打结

28cm

※ 直线绣参照P45。

81

猫头鹰长老 马里厄斯

作品：P23

材料和用具

编织线： HAMANAKA 手工线 Exceed Wool L（普通粗线）

米褐色（304）18g，米黄色（319）17g，茶色（333）16g，金黄色（351）7g，奶油色（302）6g，焦茶色（305）2g

针： 钩针 5/0 号

其他： 颗粒棉约 20g

成品尺寸： 全长 14cm（不含头羽）

钩织方法：

1 钩织各部分，塞入棉花

钩织各部分，在躯干（头部和躯干）、臀部中塞入颗粒棉，用卷针缝合。

重点 缝合时要注意缝衣针不能挑起颗粒棉。另外，还要注意不能让棉花从针脚中露出来。

2 拼接

翅膀、爪子、尾巴分别用同色线缝在躯干上。

3 完成

先用定位针将脸部、眼睛、喙暂时固定在头部，再根据个人喜好决定具体的位置，然后缝好。最后缝上头羽。

Face
正面

Dos
背面

脸部 1块

用于缝合的线头长度约为缝合部分的 3 倍

脸部中心

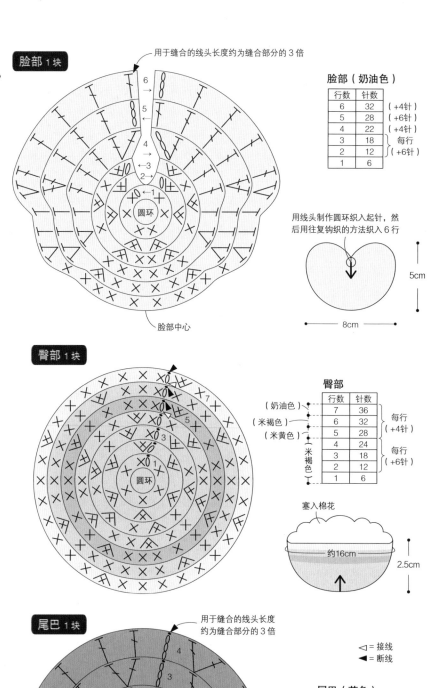

用线头制作圆环织入起针，然后用往复钩织的方法织入 6 行

5cm

8cm

臀部 1块

塞入棉花

约16cm

2.5cm

尾巴 1块

用于缝合的线头长度约为缝合部分的 3 倍

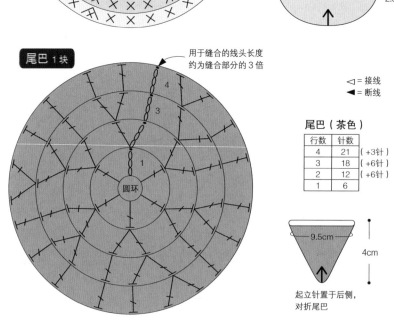

◁ = 接线
◀ = 断线

9.5cm

4cm

起立针置于后侧，对折尾巴

脸部（奶油色）

行数	针数	
6	32	（+4针）
5	28	（+6针）
4	22	（+4针）
3	18	每行
2	12	（+6针）
1	6	

臀部

	行数	针数	
（奶油色）	7	36	每行
（米褐色）	6	32	（+4针）
（米黄色）	5	28	
米褐色	4	24	
	3	18	每行
	2	12	（+6针）
	1	6	

尾巴（茶色）

行数	针数	
4	21	（+3针）
3	18	（+6针）
2	12	（+6针）
1	6	

82

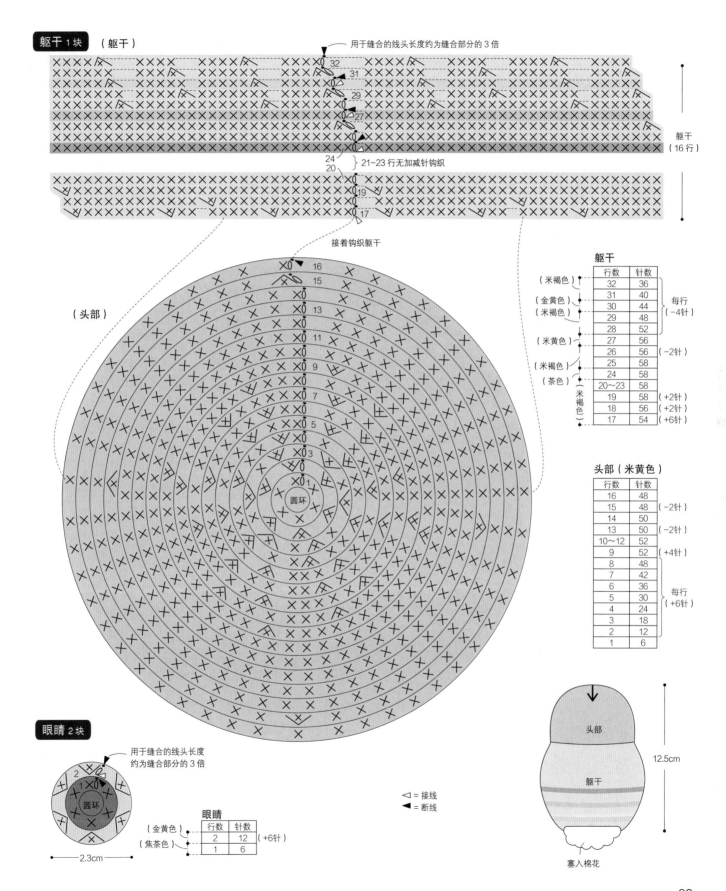

躯干1块 （躯干）

用于缝合的线头长度约为缝合部分的3倍

32
31
29
27
24
20
19
17

21~23行无加减针钩织

躯干
（16行）

接着钩织躯干

（头部）

16
15
13
11
9
7
5
3
1

圆环

躯干

行数	针数	
（米褐色）32	36	每行（-4针）
（金黄色）31	40	
（米褐色）30	44	
29	48	
28	52	
（米黄色）27	56	
26	56	（-2针）
（米褐色）25	58	
（茶色）24	58	
（米褐色）20~23	58	
19	58	（+2针）
18	56	（+2针）
17	54	（+6针）

头部（米黄色）

行数	针数	
16	48	
15	48	（-2针）
14	50	
13	50	（-2针）
10~12	52	
9	52	（+4针）
8	48	
7	42	
6	36	每行（+6针）
5	30	
4	24	
3	18	
2	12	
1	6	

眼睛 2块

用于缝合的线头长度约为缝合部分的3倍

2
1

圆环

眼睛

行数	针数	
（金黄色）2	12	（+6针）
（焦茶色）1	6	

2.3cm

◁ = 接线
◀ = 断线

头部

12.5cm

躯干

塞入棉花

83

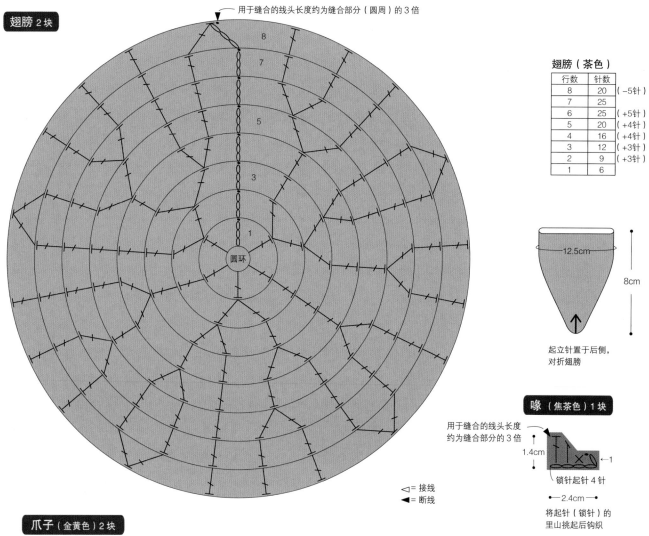

翅膀 2块

用于缝合的线头长度约为缝合部分（圆周）的 3 倍

8
7
5
3
1
圆环

◁ = 接线
◀ = 断线

翅膀（茶色）

行数	针数	
8	20	（−5针）
7	25	
6	25	（+5针）
5	20	（+4针）
4	16	（+4针）
3	12	（+3针）
2	9	（+3针）
1	6	

12.5cm
8cm

起立针置于后侧，
对折翅膀

喙（焦茶色）1块

用于缝合的线头长度
约为缝合部分的 3 倍

1.4cm
1
锁针起针 4 针
2.4cm

将起针（锁针）的
里山挑起后钩织

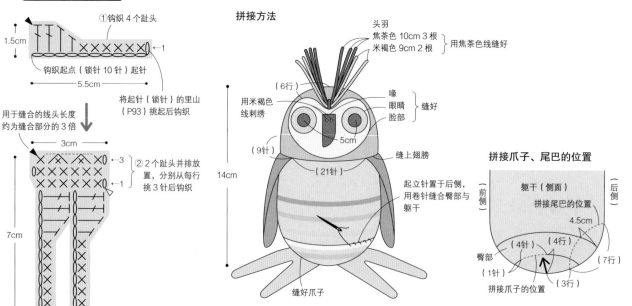

爪子（金黄色）2块

① 钩织 4 个趾头
1.5cm
1
钩织起点（锁针 10 针）起针
5.5cm

将起针（锁针）的里山
（P93）挑起后钩织

用于缝合的线头长度
约为缝合部分的 3 倍

3cm
3
1
7cm

② 2 个趾头并排放
置，分别从每行
挑 3 针后钩织

拼接方法

头羽
焦茶色 10cm 3 根
米褐色 9cm 2 根 } 用焦茶色线缝好

（6行）
用米褐色
线刺绣
（9针）
喙
眼睛
脸部 } 缝好
5cm
（21针）
缝上翅膀
起立针置于后侧，
用卷针缝合臀部与
躯干
14cm
缝好爪子

拼接爪子、尾巴的位置

躯干（侧面）
（前侧）
（后侧）
拼接尾巴的位置
4.5cm
（4针）（4行）
臀部
（1针）
（3行）
拼接爪子的位置
（7行）

章鱼画家 让·保罗

作品：P24

材料和用具

编织线： HAMANAKA 手工线 Amerry
白色（20）28g，混合浅紫色（35）25g，
暗黄色（3）5g

针： 钩针 5/0 号

其他： 填充棉（HAMANAKA Clean Wata
Wata）、颗粒棉各 10g，毛毡（混合灰色、
黑色）各 3.2cm×1.6cm，木工用胶水，手
工用定型胶
小配件用：轻质木材直径 5mm× 长 6cm
的 7 根、8cm×5.5cm× 厚 3mm 的 1 块，
丙烯颜料适量，裁纸刀，笔

成品尺寸： 全长 20cm

钩织方法：

1 钩织各部分，塞入棉花
钩织各部分，躯干（头部）塞入颗粒棉，
剩余的罩衫部分与触手（A、B、C）塞入
填充棉。

重点▶ 触手中塞入大量棉花，使其足以
支撑起画笔。

2 拼接
用卷针缝合臀部与躯干。先用定位针暂时
固定触手、贝雷帽，再缝好。粘好眼睛。

重点▶ 根据个人喜好决定触手的位置和
方向，缝的时候注意整体平衡即可。

3 完成
用裁纸刀将轻质木材削成画笔的形状，上
色。调色板同样用轻质木材制作，做好后
上色。缝好画笔和调色板，在罩衫和触手
上随意涂抹丙烯颜料。

Face
正面

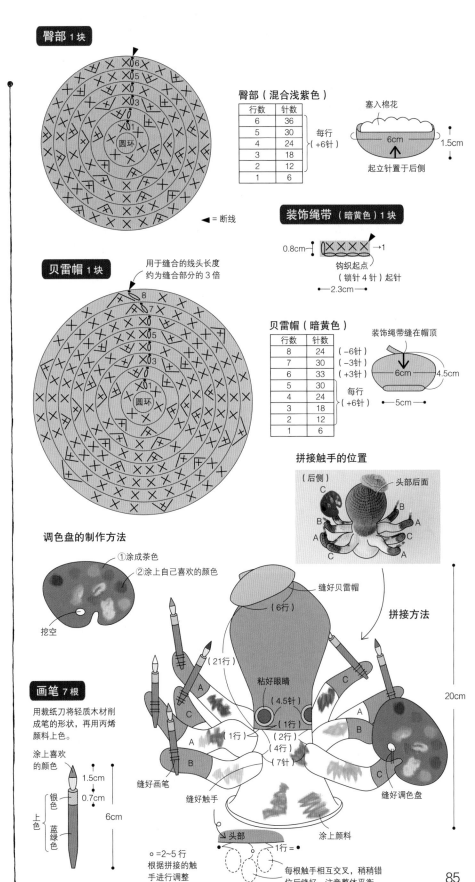

臀部 1 块

◀ = 断线

臀部（混合浅紫色）

行数	针数	
6	36	
5	30	每行
4	24	（+6针）
3	18	
2	12	
1	6	

塞入棉花
6cm
1.5cm
起立针置于后侧

装饰绳带（暗黄色）1 块

0.8cm   →1
钩织起点
（锁针 4 针）起针
←2.3cm→

贝雷帽 1 块

用于缝合的线头长度
约为缝合部分的 3 倍

贝雷帽（暗黄色）

行数	针数	
8	24	（-6针）
7	30	（-3针）
6	33	（+3针）
5	30	
4	24	每行
3	18	（+6针）
2	12	
1	6	

装饰绳带缝在帽顶
6cm   4.5cm
5cm

拼接触手的位置

（后侧）   头部后面

调色盘的制作方法

①涂成茶色
②涂上自己喜欢的颜色

挖空

画笔 7 根

用裁纸刀将轻质木材削
成笔的形状，再用丙烯
颜料上色。

涂上喜欢
的颜色

1.5cm
0.7cm
银色
蓝绿色
上色
6cm

∘ =2~5 行
根据拼接的触
手进行调整

缝好贝雷帽
（6行）
（21行）
粘好眼睛
（4.5针）
（1行）
（1行）
（2行）
（4行）
（7针）
缝好画笔
缝好触手
拼接方法
20cm
缝好调色盘
涂上颜料
头部
1行 =
每根触手相互交叉，稍稍错
位后缝好，注意整体平衡

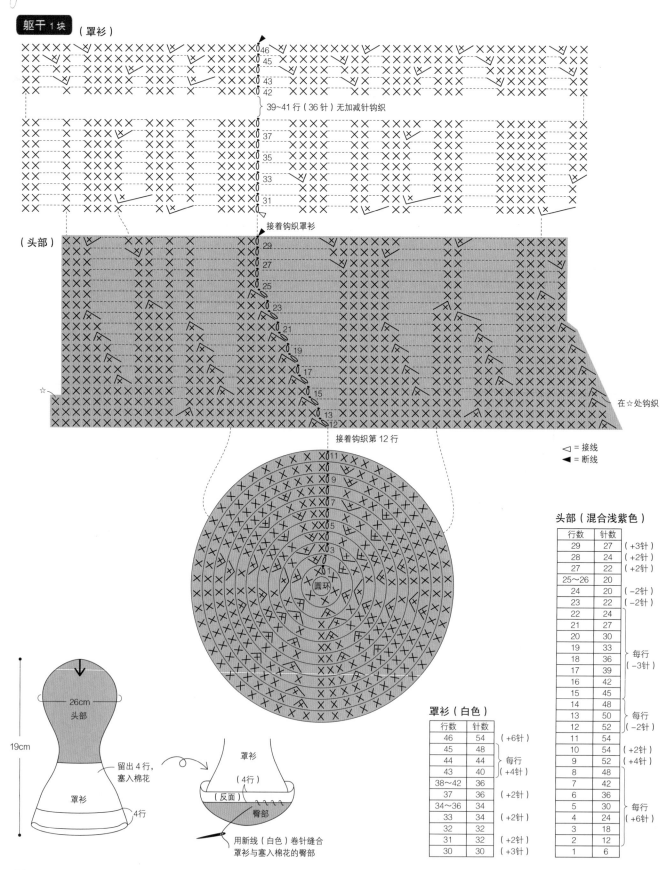

躯干 1块 （罩衫）

} 39~41 行（36针）无加减针钩织

接着钩织罩衫

（头部）

接着钩织第12行

在☆处钩织

◁ = 接线
◀ = 断线

圆环

26cm
头部
19cm
罩衫
4行

留出4行，塞入棉花

罩衫
（4行）
（反面）
臀部
用新线（白色）卷针缝合罩衫与塞入棉花的臀部

头部（混合浅紫色）

行数	针数	
29	27	（+3针）
28	24	（+2针）
27	22	（+2针）
25～26	20	
24	20	（-2针）
23	22	（-2针）
22	24	
21	27	
20	30	
19	33	每行
18	36	（-3针）
17	39	
16	42	
15	45	
14	48	
13	50	每行
12	52	（-2针）
11	54	
10	54	（+2针）
9	52	（+4针）
8	48	
7	42	
6	36	
5	30	每行
4	24	（+6针）
3	18	
2	12	
1	6	

罩衫（白色）

行数	针数	
46	54	（+6针）
45	48	
44	44	每行
43	40	（+4针）
38～42	36	
37	36	（+2针）
34～36	34	
33	34	（+2针）
32	32	
31	32	（+2针）
30	30	（+3针）

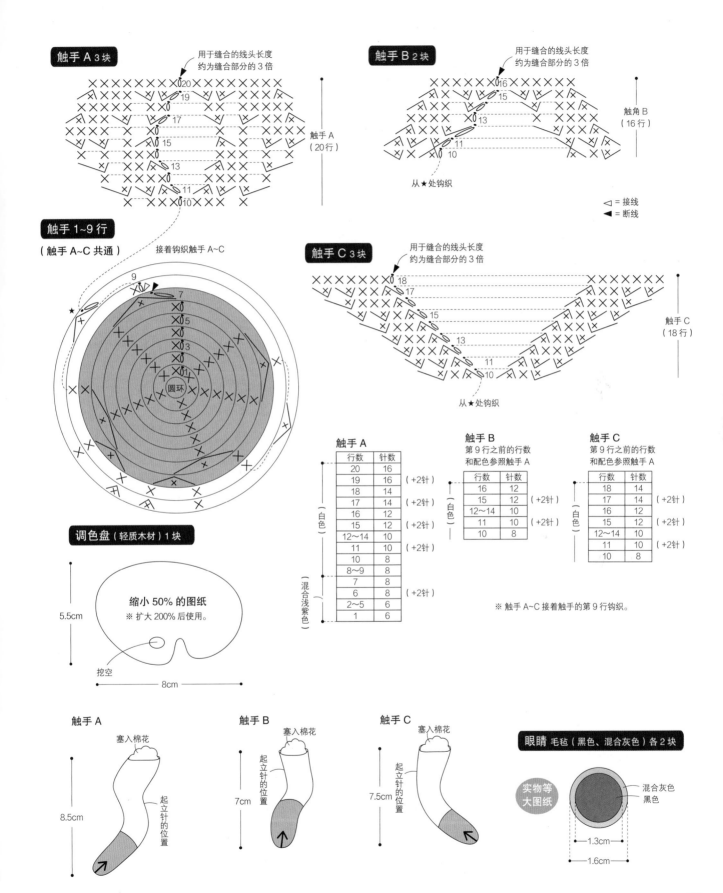

触手 A 3块
用于缝合的线头长度约为缝合部分的 3 倍
触手 A（20 行）

触手 B 2块
用于缝合的线头长度约为缝合部分的 3 倍
触角 B（16 行）
从 ★ 处钩织
◁ = 接线
◀ = 断线

触手 1~9 行
（触手 A~C 共通）
接着钩织触手 A~C
圆环

触手 C 3块
用于缝合的线头长度约为缝合部分的 3 倍
触手 C（18 行）
从 ★ 处钩织

调色盘（轻质木材）1块
缩小 50% 的图纸
※ 扩大 200% 后使用。
5.5cm
挖空
8cm

触手 A

行数	针数	
20	16	
19	16	(+2针)
18	14	
17	14	(+2针)
16	12	
15	12	(+2针)
12~14	10	
11	10	(+2针)
10	8	
8~9	8	
7	8	(+2针)
6	8	
2~5	6	
1	6	

（白色）（混合浅紫色）

触手 B
第 9 行之前的行数和配色参照触手 A

行数	针数	
16	12	
15	12	(+2针)
12~14	10	
11	10	(+2针)
10	8	

（白色）

触手 C
第 9 行之前的行数和配色参照触手 A

行数	针数	
18	14	
17	14	(+2针)
16	12	
15	12	(+2针)
12~14	10	
11	10	(+2针)
10	8	

※ 触手 A~C 接着触手的第 9 行钩织。

触手 A
塞入棉花
起立针的位置
8.5cm

触手 B
塞入棉花
起立针的位置
7cm

触手 C
塞入棉花
起立针的位置
7.5cm

眼睛 毛毡（黑色、混合灰色）各 2 块
实物等大图纸
混合灰色
黑色
1.3cm
1.6cm

勒布朗父子的周末

作品: P27

材料和用具

* 大勒布朗用"大"表示,小勒布朗用"小"表示。

编织线: RichMore Percent

大:象牙白(123)78g,深蓝色(47)39g,混合茶色(125)6g

小:象牙白(123)28g,深蓝色(47)13g,混合茶色(125)3g

针:

大:钩针7/0号

小:钩针5/0号

其他(两者共通):

颗粒棉适量,木工用胶水,手工用定型胶

大:填充棉(HAMANAKA Clean Wata Wata)约60g,毛毡(灰色和焦茶色)各3.6cm×1.8cm、(橙色)6cm×4cm

小:填充棉(HAMANAKA Clean Wata Wata)约20g,毛毡(灰色和焦茶色)各2.4cm×1.2cm、(橙色)3cm×2.5cm

成品尺寸:

大:全长36cm

小:全长26cm

钩织方法:

* 大勒布朗用2股线钩织,小勒布朗用1股线钩织。

1 钩织各部分,塞入棉花

钩织上肢(手和袖子)、下肢(脚掌和裤子)、头部,在头部塞入颗粒棉,其他部分塞入填充棉。接着从两腿挑针,钩织躯干(臀部),衣身部分一边钩织一边塞入棉花,每隔几行塞一次棉花即可。钩织躯干(肩部)时,从上肢和躯干(衣身)挑针后再钩织。

重点 躯干部分接着下肢钩织成细长形,各部分均需一边钩织一边塞入棉花,每隔几行塞一次棉花,同时调整形状。

2 拼接

利用头部和躯干的线头,卷针缝合两部分。

3 完成

先用定位针暂时固定脸部的各部分,再根据个人喜好决定具体的位置,注意整体平衡。缝好耳朵和尾巴,粘好嘴巴和眼睛。最后在脸部刺绣。

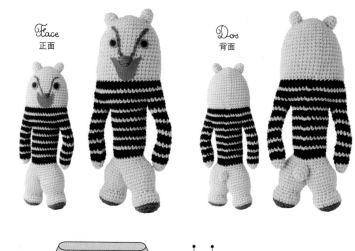

正面 *Face*　背面 *Dos*

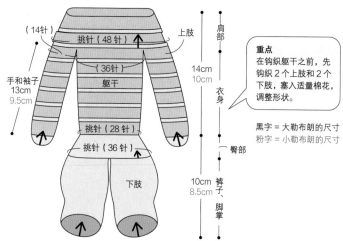

（14针）

挑针(48针)　上肢　肩部

手和袖子　13cm　9.5cm

（36针）

躯干

挑针(28针)

挑针(36针)

下肢

14cm / 10cm　衣身　臀部

10cm / 8.5cm　裤子、脚掌

重点

在钩织躯干之前,先钩织2个上肢和2个下肢,塞入适量棉花,调整形状。

黑字 = 大勒布朗的尺寸

粉字 = 小勒布朗的尺寸

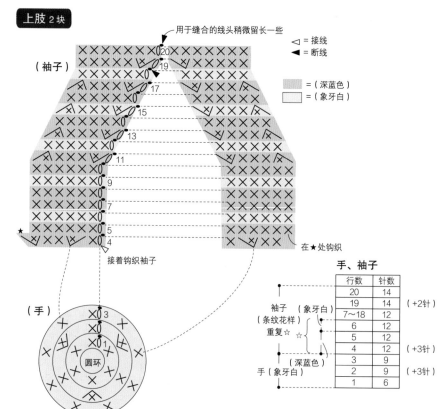

上肢 2块

用于缝合的线头稍微留长一些

▷ = 接线
◀ = 断线

= (深蓝色)
= (象牙白)

(袖子)

(手)

圆环

接着钩织袖子

在★处钩织

手、袖子

	行数	针数	
袖子(象牙白)	20	14	
	19	14	(+2针)
(条纹花样) 重复☆	7~18	12	
	6	12	
	5	12	
	4	12	(+3针)
(深蓝色)	3	9	
手(象牙白)	2	9	(+3针)
	1	6	

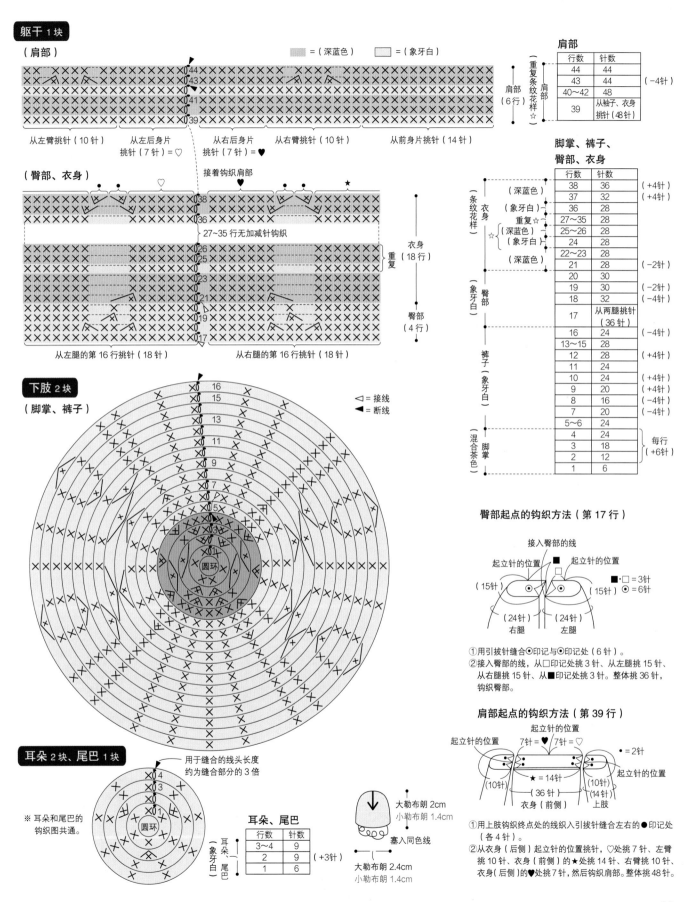

躯干 1块

（肩部）

░ =（深蓝色）　□ =（象牙白）

从左臂挑针（10针）　从左后身片挑针（7针）=♡　从右后身片挑针（7针）=♥　从右臂挑针（10针）　从前身片挑针（14针）

肩部（6行）　重复条纹花样☆　肩部

肩部

行数	针数	
44	44	
43	44	（-4针）
40~42	48	
39	从袖子、衣身挑针（48针）	

（臀部、衣身）

接着钩织肩部

38　36　27~35行无加减针钩织　26　25　23　21　19　17

衣身（18行）　重复　臀部（4行）

从左腿的第16行挑针（18针）　从右腿的第16行挑针（18针）

脚掌、裤子、臀部、衣身

	行数	针数	
（条纹花样）衣身	38	36	（+4针）（深蓝色）
	37	32	（+4针）（象牙白）
	36	28	
	27~35	28	重复☆（深蓝色）
☆	25~26	28	（象牙白）
	24	28	
	22~23	28	（深蓝色）
臀部（象牙白）	21	28	（-2针）
	20	30	
	19	30	（-2针）
	18	32	（-4针）
	17	从两腿挑针（36针）	
裤子（象牙白）	16	24	（-4针）
	13~15	28	
	12	28	（+4针）
	11	24	
	10	24	（+4针）
	9	20	（+4针）
	8	16	（-4针）
	7	20	（-4针）
脚掌（混合茶色）	5~6	24	
	4	24	每行
	3	18	（+6针）
	2	12	
	1	6	

下肢 2块

（脚掌、裤子）

◁ = 接线　◀ = 断线

圆环

臀部起点的钩织方法（第17行）

接入臀部的线

起针针的位置　■　起立针的位置　□

（15针）　⊙　■·□=3针　⊙=6针　（15针）

（24针）　（24针）

右腿　左腿

①用引拔针缝合⊙印记与⊙印记处（6针）。
②接入臀部的线，从□印记处挑3针、从左腿挑15针、从右腿挑15针、从■印记处挑3针。整体挑36针，钩织臀部。

肩部起点的钩织方法（第39行）

起立针的位置

起立针的位置　7针=♥　7针=♡　•=2针

（10针）　★=14针　（10针）　起立针的位置

（36针）　（14针）

衣身（前侧）　上肢

①用上肢钩织终点处的线织入引拔针缝合左右的●印记处（各4针）。
②从衣身（后侧）起立针的位置挑针，♡处挑7针、左臂挑10针、衣身（前侧）的★挑14针、右臂挑10针、衣身（前侧）的♥处挑7针，然后钩织肩部。整体挑48针。

耳朵 2块、尾巴 1块

用于缝合的线头长度约为缝合部分的3倍

※耳朵和尾巴的钩织图共通。

圆环

耳朵、尾巴

行数	针数	
3~4	9	
2	9	（+3针）
1	6	

耳朵、尾巴　象牙白

大勒布朗 2cm　小勒布朗 1.4cm

塞入同色线

大勒布朗 2.4cm　小勒布朗 1.4cm

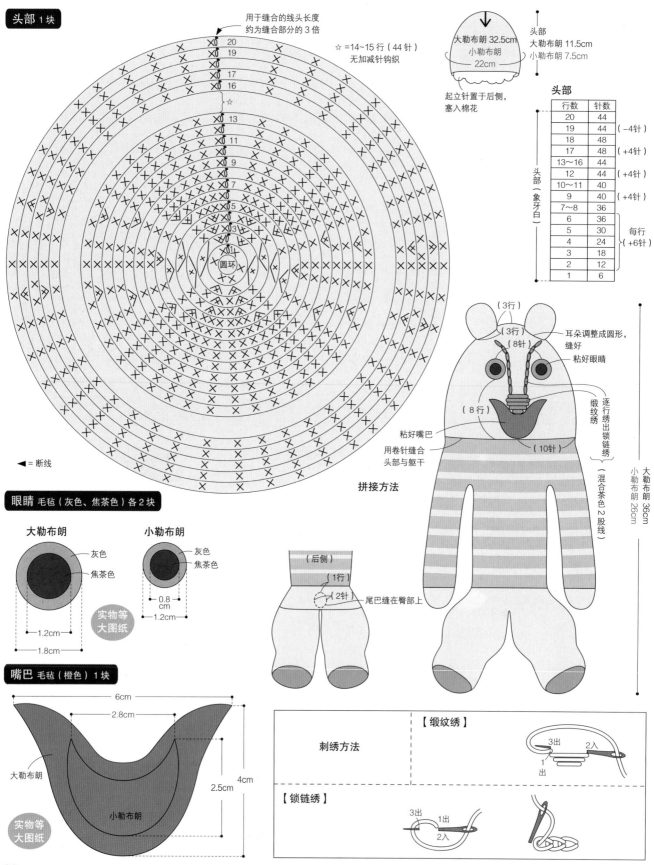

头部 1块

用于缝合的线头长度约为缝合部分的3倍

☆ =14~15 行（44针）无加减针钩织

大勒布朗 32.5cm ／ 小勒布朗 22cm

头部 大勒布朗 11.5cm ／ 小勒布朗 7.5cm

起立针置于后侧，塞入棉花

头部（象牙白）

行数	针数	
20	44	
19	44	（−4针）
18	48	
17	48	（+4针）
13~16	44	
12	44	（+4针）
10~11	40	
9	40	（+4针）
7~8	36	
6	36	
5	30	每行
4	24	（+6针）
3	18	
2	12	
1	6	

圆环

◀ = 断线

眼睛 毛毡（灰色、焦茶色）各2块

大勒布朗 ／ 小勒布朗

灰色 ／ 焦茶色

实物等大图纸

1.2cm ／ 1.8cm ／ 0.8cm ／ 1.2cm

嘴巴 毛毡（橙色）1块

6cm ／ 2.8cm ／ 4cm ／ 2.5cm

大勒布朗 ／ 小勒布朗

实物等大图纸

拼接方法

（3行）（3行）（8针）

耳朵调整成圆形，缝好

粘好眼睛

缎纹绣

（8行）

粘好嘴巴

用卷针缝合头部与躯干

（10针）

逐行绣出锁链绣（混合茶色2股线）

大勒布朗 36cm ／ 小勒布朗 26cm

（后侧）（1行）（2针） 尾巴缝在臀部上

刺绣方法

【缎纹绣】 3出 2入 1出

【锁链绣】 3出 1出 2入

90

芭蕾舞者 约瑟芬和安德烈

作品：P28

材料和用具

编织线：RichMore Percent

＜安德烈＞
黑色（90）11g，深灰色（122）9g，灰色（93）5g，白色（1）3g

＜约瑟芬＞
红色（74）10g，橙色（117）9g，深粉色（75）5g，白色（1）3g，黑色（90）1g

针：钩针 4/0 号

其他（两者共通）：
填充棉（HAMANAKA Clean Wata Wata）约 10g

成品尺寸：全长 16cm

钩织方法：
钩织完头部、躯干后继续钩织尾鳍，在头部、躯干中塞入棉花。钩织眼睛和鱼鳍（背鳍、腹鳍、胸鳍），缝在躯干上。

重点 躯干和尾鳍容易拧扭，完成之前要注意整体平衡，不断调整形状。鱼鳍的织片较软，处理钩织终点的线头时，可将其藏入鱼鳍织片的顶端，从而撑起鱼鳍。

Profil
侧面

约瑟芬

安德烈

腹鳍 2块

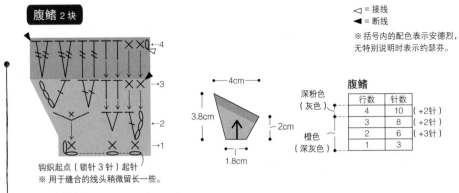

钩织起点（锁针 3 针）起针
※ 用于缝合的线头稍微留长一些。

—4cm—
3.8cm
2cm
1.8cm

腹鳍

	行数	针数	
深粉色（灰色）	4	10	(+2针)
	3	8	(+2针)
橙色（深灰色）	2	6	(+3针)
	1	3	

背鳍 1块

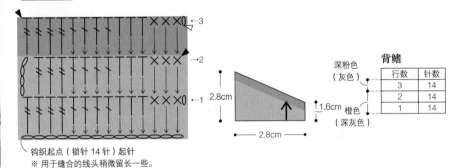

钩织起点（锁针 14 针）起针
※ 用于缝合的线头稍微留长一些。

2.8cm
1.6cm
—2.8cm—

背鳍

	行数	针数
深粉色（灰色）	3	14
	2	14
橙色（深灰色）	1	14

胸鳍 2块

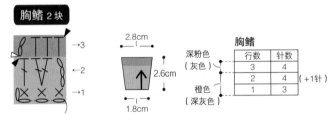

钩织起点（锁针 3 针）起针
※ 用于缝合的线头稍微留长一些。

2.8cm
2.6cm
1.8cm

胸鳍

	行数	针数	
深粉色（灰色）	3	4	
	2	4	(+1针)
橙色（深灰色）	1	3	

眼睛 2块

用于缝合的线头长度约为缝合部分的 3 倍

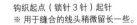

圆环

塞入棉花

4.5cm
1.6cm

眼睛（颜色共通）

	行数	针数	
白色	3	9	
	2	9	(+3针)
黑色	1	6	

拼接方法

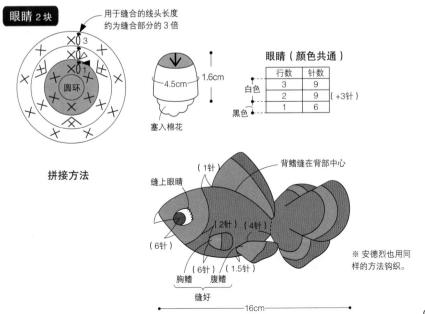

缝上眼睛
（1针）
背鳍缝在背部中心
（2针）（4针）
（6针）
（6针）（1.5针）
胸鳍　腹鳍
缝好
—16cm—

※ 安德烈也用同样的方法钩织。

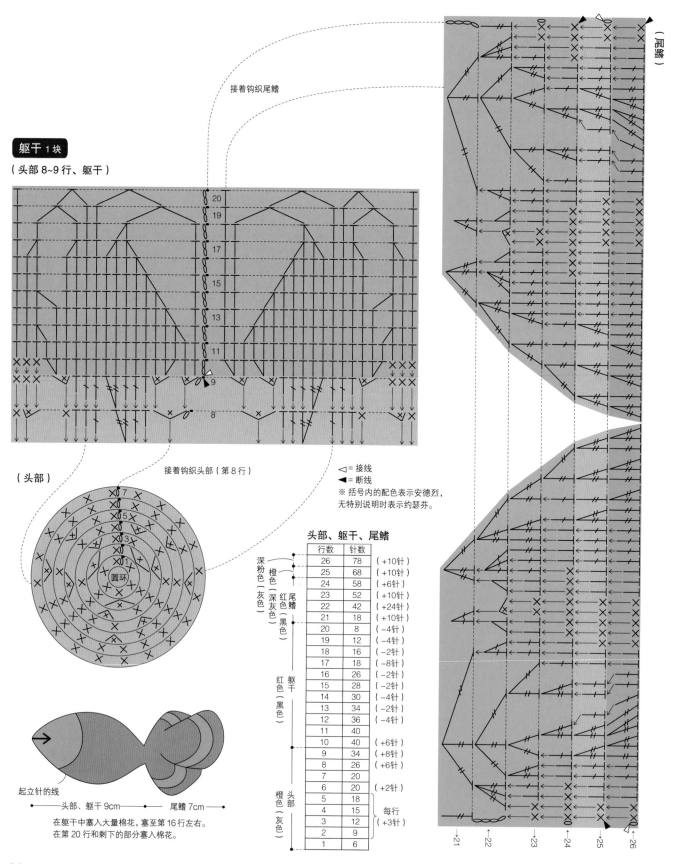

接着钩织尾鳍

躯干 1块

（头部8~9行、躯干）

接着钩织头部（第8行）

（头部）

（尾鳍）

⊲= 接线
◀= 断线

※ 括号内的配色表示安德烈，
无特别说明时表示约瑟芬。

圆环

起立针的线

◀── 头部、躯干9cm ──▶ ── 尾鳍7cm ──▶

在躯干中塞入大量棉花，塞至第16行左右。
在第20行和剩下的部分塞入棉花。

头部、躯干、尾鳍

	行数	针数	
深粉色	26	78	（+10针）
橙色（灰色）	25	68	（+10针）
红色（深灰色）尾鳍	24	58	（+6针）
	23	52	（+10针）
	22	42	（+24针）
（黑色）	21	18	（+10针）
	20	8	（-4针）
	19	12	（-4针）
	18	16	（-2针）
	17	18	（-8针）
	16	26	（-2针）
红色（黑色）躯干	15	28	（-2针）
	14	30	（-4针）
	13	34	（-2针）
	12	36	（-4针）
	11	40	
	10	40	（+6针）
	9	34	（+8针）
	8	26	（+6针）
	7	20	
	6	20	（+2针）
橙色（灰色）头部	5	18	
	4	15	每行
	3	12	（+3针）
	2	9	
	1	6	

Technique 钩针针法记号和钩织方法

圆环 用线头制作圆环起针

制作双重线圈
★

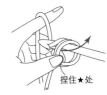
捏住★处

圆环起针完成。

圆环的钩织方法

6针

在圆环中织入
必要数量的锁
针后，按照1、
2的顺序拉动圆
环，收紧线圈。

1
2
最后将钩针插入短针的第
1个针脚中，引拔钩织。

○ 锁针

最初的针脚　锁针1针

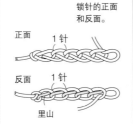
锁针的正面
和反面。
正面
1针
反面
1针
里山

╳ 短针

将钩针插入上一行短针
的头针中。
引拔抽出线，再次针上
挂线，引拔抽出。

⊤ 中长针

挂线
2针
基底的针脚
未完成的中长针
引拔抽出线，再次针
上挂线，引拔抽出。

⊤ 长针

未完成的长针
针上挂线，将钩针插
入上一行的针脚中，
挂线后引拔抽出。
继续针上挂线，引
拔穿过2个线圈。
再次针上挂线，引
拔穿过所有的线圈。

⊤ 长长针

缠2圈
未完成的长长针

╳ 短针2针并1针

Λ 长针2针并1针

未完成的长针
在上一行的2个针脚中织入2针未完成
的长针，最后一次性引拔钩织。

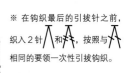
※ 在钩织最后的引拔针之前，
织入2针 Λ 和 ╳ ，按照与 Λ
相同的要领一次性引拔钩织。

Ⅴ 短针1针分2针

锁针1针
在上一行的1个针脚
中织入1针短针。

再在同一针脚中织
入1针短针。

Ⅴ 长针1针分2针

※ Ⅴ 也是按照同样的要领在上一
行的1个针脚中织入2针中长针。

● 引拔针

将钩针插入上一行针脚的头
针中，挂线后引拔穿过针上
的所有针脚。

♪ 锁针3针的引拔小链针

锁针3针

钩织3针锁针。
将钩针插入锁针头
针的半针和尾针的
1根线中，挂线后
引拔抽出。

Auteur

作者介绍

小西千晶（ChibiRu）

手工艺者。
在文化服装学院学习服装制作和纺织。
1993 年，机缘巧合地为女儿做了一个小熊玩偶，从此便开始用废旧布料制作各式各样的玩具。

主要作品
▶《ChibiRu 的玩偶》学研增刊
▶乐队 Dreams Come True 专辑《健忘大王》的 CD 封套设计、音乐录影带的设计
▶《健忘大王——健忘大王的 Check Book》D&C Company

2008 年 11 月移居巴黎。除了制作人偶，她还从事插画、照片、WEB 制作、讲师等多方面的工作。

ChibiRu Department Store
https://chibiru.com

Au Bonheur de ChibuRu
https://chibiru.paris

TITLE：［チビルのパリ・シックなあみぐるみ］

BY：［ChibiRu］

Copyright © ChibiRu, 2017

Original Japanese language edition published by Asahi Shimbun Publications Inc.

All rights reserved. No part of this book may be reproduced in any form without the written permission of the publisher.

Chinese translation rights arranged with Asahi Shimbun Publications Inc., Tokyo through NIPPAN IPS Co., Ltd.

本书由日本朝日新闻出版授权北京书中缘图书有限公司出品并由河北科学技术出版社在中国范围内独家出版本书中文简体字版本。

著作权合同登记号：冀图登字 03-2018-224

版权所有・翻印必究

图书在版编目（CIP）数据

巴黎复古风钩针动物玩偶 / （日）小西千晶著；何凝一译. -- 石家庄：河北科学技术出版社，2019.11（2022.6 重印）

ISBN 978-7-5717-0067-6

Ⅰ.①巴… Ⅱ.①小… ②何… Ⅲ.①钩针—绒线—编织 Ⅳ.① TS935.521

中国版本图书馆 CIP 数据核字 (2019) 第 178560 号

巴黎复古风钩针动物玩偶

［日］小西千晶 著　何凝一 译

策划制作：北京书锦缘咨询有限公司（www.booklink.com.cn）
总 策 划：陈　庆
策　　划：滕　明
责任编辑：刘建鑫　原　芳
设计制作：王　青

出版发行　河北科学技术出版社
地　　址　石家庄市友谊北大街 330 号（邮编：050061）
印　　刷　三河市祥达印刷包装有限公司
经　　销　全国新华书店
成品尺寸　210mm×260mm
印　　张　6
字　　数　108 千字
版　　次　2019 年 11 月第 1 版
　　　　　2022 年 6 月第 4 次印刷
定　　价　48.00 元